互联网+APP 维修大课堂

互联网+APP 维修大课堂
——液晶彩电

张新德 编著

电子工业出版社
Publishing House of Electronics Industry
北京·BEIJING

内 容 简 介

本书首先从互联网+APP 维修大课堂的预备知识入手，讲解液晶彩电维修接单、上门检查、用户询价、上门维修的知识储备、工具和备件储备等基础知识，然后从液晶彩电的原理、上门维修方法、上门维修经验等方面介绍上门维修的技能、技巧，最后列举上门维修液晶彩电案例讲述具体的操作方法和步骤，特别给出上门维修时的应急处理经验，同时在书后提供上门维修液晶彩电所需要的资料和维修指导，供上门维修时查阅。

本书适合 APP 线上维修师傅、APP 自由维修接单人员、技师学院师生、培训机构师生、职业技术学校师生、售后维修人员、业余维修人员、维修企业前台服务人员阅读。

未经许可，不得以任何方式复制或抄袭本书之部分或全部内容。
版权所有，侵权必究。

图书在版编目（CIP）数据

液晶彩电/张新德编著．—北京：电子工业出版社，2019.1
（互联网+APP 维修大课堂）
ISBN 978-7-121-35536-3

Ⅰ.①液… Ⅱ.①张… Ⅲ.①互联网络-应用-液晶彩电-维修 Ⅳ.①TN949.192

中国版本图书馆 CIP 数据核字（2018）第 259632 号

责任编辑：富　军
印　　刷：天津千鹤文化传播有限公司
装　　订：天津千鹤文化传播有限公司
出版发行：电子工业出版社
　　　　　北京市海淀区万寿路 173 信箱　邮编 100036
开　　本：787×1 092　1/16　印张：15　字数：385 千字
版　　次：2019 年 1 月第 1 版
印　　次：2019 年 1 月第 1 次印刷
印　　数：2000 册　定价：69.80 元

凡所购买电子工业出版社图书有缺损问题，请向购买书店调换。若书店售缺，请与本社发行部联系，联系及邮购电话：(010)88254888, 88258888。
质量投诉请发邮件至 zlts@phei.com.cn，盗版侵权举报请发邮件至 dbqq@phei.com.cn。
本书咨询联系方式：(010)88254456。

前　言

"互联网+"时代的到来，使维修行业发生前所未有的变化。互联网维修模式正在取代传统维修模式。互联网+APP的上门维修模式将成为新的维修方向。

互联网+APP的维修模式（如阿里修、维修保养、电器管家、闪修侠等）采用用户线上下单，企业前台（或维修师傅个人APP）根据地图定位距离就近通知维修师傅线上接单（维修师傅个人在APP上接单），线下上门维修。这样一来，用户一键报修，简单方便，维修师傅快速反应，上门维修，通过互联网+APP即可完成报修、报价、维修、验收、支付、评价等所有环节。

基于互联网+APP的新型维修模式，笔者组织有关专家和一线维修人员编写"互联网+APP维修大课堂"丛书。该丛书全面介绍互联网+APP维修模式的程序、框架及上门维修技能、技巧，内容全面具体，可操作性强，可供APP线上维修师傅、技师学院师生、职业技术学校师生、售后维修人员、业余维修人员、维修企业前台服务人员参考。

本书介绍液晶彩电互联网+APP上门维修随学随用模式，提炼互联网理论知识，突出APP实用操作，强化互联网+APP上门维修液晶彩电的方法和实用经验，以实例呈现液晶彩电线上接单、线下上门维修的技能，既有服务于互联网+APP上门维修入门级学员的基础知识，又有服务于中高级人员上门维修的具体操作，主要为广大APP线上线下维修人员提供与基础理论紧密结合的操作指导。

本书在内容的安排上，以互联网+APP基础知识、预备知识、必备知识为基础和入门重点，着重介绍液晶彩电上门维修的方法、实战技巧、实用指导及资料，内容全面系统，并在书中的不同位置插入二维码。读者扫描书中的二维码可直接在手机上观看维修操作小视频。为方便读者查询，本书电路图中所用电路图形符号与厂家实物标注（各厂家标注不完全一样）一致，不进行统一处理；所测数据，如未特殊说明，均采用MF47型指针万用表和DT9205A型数字万用表测得。

本书在编写和出版过程中得到出版社领导和编辑的热情支持和帮助，张新德、刘淑华、张新春、张利平、张云坤、张泽宁等参加了部分内容的编写、资料收集、整理及文字录入等工作，在此一并表示感谢！

由于笔者水平有限，书中错漏之处在所难免，恳请广大读者批评指正。

编著者

目　　录

第1章　互联网+APP知识简介 1
1.1　什么是互联网+ 1
1.2　什么是APP 2
1.3　互联网+APP如何运作 3
1.4　用手机APP如何接单 4
1.5　自由维修人如何接单 5
1.6　PC端如何派单 6
1.7　接单人如何上门维修 8
1.8　发单人如何评价 8

第2章　互联网+APP维修预备知识 11
2.1　工具的介绍、选购及操作 11
2.1.1　数字万用表的介绍 11
2.1.2　数字万用表的选购 12
2.1.3　数字万用表的操作 14
　　1. 测量电阻、电压 14
　　2. 测量电流 16
　　3. 测量电容 16
　　4. 测量三极管 17
2.2　备件的介绍、选用及检测 19
2.3　耗材的选用 22
　　扫码看液晶彩电插脚拆装方法微视频2-1 23
2.4　维修工具包 26
2.5　元器件的检测 28
2.5.1　贴片电阻、电容的检测 28
2.5.2　贴片晶体管的检测 30
2.5.3　屏线的检测 30
2.6　上门拆机步骤 31

  扫码看液晶彩电拆机微视频 2-2 ·· 37
 2.7 上门维修步骤 ··· 37
第 3 章 互联网+APP 维修必备知识 ·· 39
 3.1 液晶彩电的结构组成 ·· 39
  扫码看海信 LED32K20JD 彩电结构组成微视频 3-1 ····························· 40
 3.2 液晶彩电的电路组成 ·· 40
  3.2.1 电源电路 ··· 41
  3.2.2 LED 背光驱动电路 ·· 43
  3.2.3 主板电路 ··· 43
  3.2.4 逻辑板电路 ··· 50
 3.3 液晶彩电的发光原理 ·· 50
 3.4 液晶彩电的成像原理 ·· 53
第 4 章 互联网+APP 维修方法秘诀 ·· 57
 4.1 上门维修方法 ··· 57
  1. 感观法 ··· 57
  2. 经验法 ··· 58
  3. 代换法 ··· 58
  4. 测试法 ··· 59
  5. 拆除法 ··· 61
  6. 人工干预法 ··· 61
 4.2 上门检修思路 ··· 63
  1. 根据客户描述的上门检修思路 ··· 63
  2. 根据故障现象的上门检修思路 ··· 64
  3. 液晶彩电电源板损坏的上门检修思路 ······································· 64
  4. 液晶彩电主板损坏的上门检修思路 ··· 65
  5. 液晶彩电背光板和灯条损坏的上门检修思路 ································· 65
  6. 液晶彩电逻辑板损坏的上门检修思路 ······································· 66
  7. 液晶彩电软件故障的上门检修思路 ··· 67
 4.3 上门维修秘诀 ··· 67
 4.4 液晶彩电的升级方法 ·· 71
 4.5 通用板换板修机 ··· 73
  4.5.1 液晶彩电开关电源局部换板修机 ····································· 73
   1. 开关电源的检查 ··· 73
   2. 串联型开关电源的代换 ··· 74

3. 并联型开关电源的代换 ·· 75
　　　4. 代换注意事项 ·· 76
　　　5. 代换模块的故障检修 ·· 77
　4.5.2　液晶彩电开关电源整板换板修机 ································ 78
　4.5.3　液晶彩电背光板换板修机 ·· 80
　扫码看改换插口针脚微视频 4-1 ·· 82
　4.5.4　液晶彩电主板换板修机 ·· 84
　　　1. 采用原机主板换板修机 ·· 84
　　　2. 采用万能板换板修机 ·· 85

第 5 章　互联网+APP 上门维修实战技巧 ································ 89

5.1　长虹液晶彩电上门维修实战技巧 ······································ 89
　1. 机型和故障现象：长虹 3D32A5000iV（LM38iSD 机芯）液晶彩电，不能开机 ·············· 89
　2. 机型和故障现象：长虹 3D42790（LM34I 机芯）液晶彩电，不能二次开机 ················ 89
　3. 机型和故障现象：长虹 3D42790I（LM34I 机芯）液晶彩电，通电后，指示灯一亮一灭
　　 闪烁，不能开机 ·· 90
　4. 机型和故障现象：长虹 3D42C3000I（ZLM41G-iJ 机芯）液晶彩电，通电后，有伴音，
　　 灰屏 ·· 91
　5. 机型和故障现象：长虹 3D47790I（LM34i 机芯）液晶彩电，通电后，背光灯亮，
　　 有伴音，无图像 ·· 92
　6. 机型和故障现象：长虹 55Q2EU（ZLM60H-i-8 机芯）液晶彩电，通电后，指示灯不亮，
　　 按遥控器操作键也无反应 ·· 94
　扫码看检测遥控器微视频 5-1 ·· 94
　7. 机型和故障现象：长虹 55Q3T（ZLM65 机芯）液晶彩电，通电后，指示灯不亮，
　　 不能开机 ·· 95
　8. 机型和故障现象：长虹 58Q1N（ZLM50H-iS 机芯）液晶彩电，通电后，出现三无故障 ······ 95
　9. 机型和故障现象：长虹 65D2000i（ZLS59G-i-4 机芯）液晶彩电，通电后，不能开机 ········ 97
　10. 机型和故障现象：长虹 65U3（ZLS58G-I-1 机芯）液晶彩电，通电后，指示灯亮，
　　　不能开机 ·· 98
　11. 机型和故障现象：长虹 LED23860X（LM32 机芯）液晶彩电，开机后，指示灯不亮，
　　　整机呈三无状态 ·· 99
　12. 机型和故障现象：长虹 LED42B2080N（ZLS53Gi 机芯）液晶彩电，通电后，不开机，
　　　指示灯不亮 ·· 100
　13. 机型和故障现象：长虹 LED50B3000iC（LM38iS-B 机芯）液晶彩电，通电后，
　　　能开机，无图、无声 ·· 102

14. 机型和故障现象：长虹 LED50C2000i 液晶彩电，通电后，指示灯不亮，三无 ……………… 103

15. 机型和故障现象：长虹 LED58C3000ID（ZLM41H-iS-2 机芯）液晶彩电，
通电后，三无 …………………………………………………………………………… 103

16. 机型和故障现象：长虹 LED65C10TS（ZLM41G-E 机芯）液晶彩电，通电后，
指示灯不亮，不能开机 ………………………………………………………………… 103

17. 机型和故障现象：长虹 UD43D6000iD（ZLM60H-i 机芯）液晶彩电，不能开机，
指示灯不亮 ……………………………………………………………………………… 105

18. 机型和故障现象：长虹 UD55C6080iD（ZLS47H-iS-1 机芯）液晶彩电，通电后，
指示灯不亮，不能开机 ………………………………………………………………… 106

5.2 康佳液晶彩电上门维修实战技巧 ……………………………………………………… 109

19. 机型和故障现象：康佳 LC42GS82DC 液晶彩电，通电后，指示灯闪烁，不能开机 …… 109

20. 机型和故障现象：康佳 LC46TS86N（MSD209 机芯）液晶彩电，不能开机，
指示灯亮（绿色） ……………………………………………………………………… 109

21. 机型和故障现象：康佳 LC46TS86N（MSD209 机芯）液晶彩电，网络/USB 状态
黑屏，网络部分指示灯 VDM06 一直不亮，其他状态正常 ………………………… 111

22. 机型和故障现象：康佳 LC55FT68AC（QX88 机芯）液晶彩电，开机后，无光，
有声音，能遥控开/关机 ………………………………………………………………… 112

23. 机型和故障现象：康佳 LED26HS92（MST739 机芯）液晶彩电，开机后，指示灯为绿色，
无背光，无声音，按遥控器"待机"键后，指示灯由绿色变为红色 ………………… 114

24. 机型和故障现象：康佳 LED40F3300CE 液晶彩电，开机后，出现光栅闪烁 ……………… 115

25. 机型和故障现象：康佳 LED40F3800CF 液晶彩电，开机后，屏幕闪烁 ………………… 116

26. 机型和故障现象：康佳 LED40R660U 液晶彩电，开机后，出现三无故障 ……………… 117

27. 机型和故障现象：康佳 LED42IS95D 液晶彩电，通电后，红灯亮，不能开机 ………… 118

28. 机型和故障现象：康佳 LED42IS97N（MST6i78 机芯）液晶彩电，图像像相片底片 …… 118

29. 机型和故障现象：康佳 LED42MS11PD 液晶彩电，开机后，出现背光亮、
无图像（灰屏） ………………………………………………………………………… 120

30. 机型和故障现象：康佳 LED48F3700NF（板号为 35018534）液晶彩电，开机出现
LOGO 后，无图像 ……………………………………………………………………… 121

31. 机型和故障现象：康佳 LED50M5580AF（MSD6A800 机芯）液晶彩电，有图像，
无声音，其他都正常 …………………………………………………………………… 122

32. 机型和故障现象：康佳 LED50M6180AF（MSD6A800 机芯）液晶彩电，开机后，
图像正常，无声音 ……………………………………………………………………… 123

33. 机型和故障现象：康佳 LED55R7000PD（MSD6I982BX 机芯）液晶彩电，通电后，
指示灯不亮，三无 ……………………………………………………………………… 124

34. 机型和故障现象：康佳 LED55R7000PD（MSD6I982BX 机芯）液晶彩电，图像上

　　　　有干扰条纹 ··· 125

　　35. 机型和故障现象：康佳LED55X8000D（MSD61988）液晶彩电，通电后，
　　　　指示灯不亮，三无 ·· 127

　　36. 机型和故障现象：康佳LED55IS95D（2BOM）（MST6i78+MST6M30RS机芯）
　　　　液晶彩电，开机时，有开机音乐、背光亮，但无显示 ··· 127

5.3　创维液晶彩电上门维修实战技巧 ··· 128

　　37. 机型和故障现象：创维39E580F（8A08机芯）液晶彩电，不能开机 ························· 128

　　38. 机型和故障现象：创维39E65SG（8M50机芯）液晶彩电，不能开机 ························ 129

　　39. 机型和故障现象：创维42E780U（8K93机芯）液晶彩电，开机后，无声音，有图像 ······ 131

　　40. 机型和故障现象：创维42M11HM（8M20机芯）液晶彩电，开机后，背光点亮，
　　　　无图像，无字符 ·· 131

　　41. 机型和故障现象：创维47E680F（8K55机芯）液晶彩电，不能开机 ························· 131

　　42. 机型和故障现象：创维47LED10（8K81机芯）液晶彩电，背光亮，屏不亮 ················ 133

　　43. 机型和故障现象：创维50E510E（8S51机芯）液晶彩电，不开机 ··························· 134

　　44. 机型和故障现象：创维50E550D（8K50机芯）液晶彩电，通电后，指示灯亮，
　　　　但不能开机 ·· 135

　　45. 机型和故障现象：创维50E6200（8H84机芯）液晶彩电，通电后，面板指示灯
　　　　不亮，无光，无声 ··· 136

　　46. 机型和故障现象：创维55E390E（9R20机芯）液晶彩电，开机后，有图像，无伴音 ······ 137

　　47. 机型和故障现象：创维55E6000（8H83机芯）液晶彩电，通电后，红灯能亮，
　　　　但马上熄灭，不能开机，有时在通电多次后能正常工作 ·· 139

　　48. 机型和故障现象：创维55E680F（8K55机芯）液晶彩电，不能开机 ························· 141

　　49. 机型和故障现象：创维55E710U（9R15机芯）液晶彩电，不能开机 ························ 141

　　50. 机型和故障现象：创维55E710U（9R15机芯）液晶彩电，按开机键无反应 ················ 141

　　51. 机型和故障现象：创维55L09RF（52TTN电源板）液晶彩电，通电后，不能开机 ········· 143

　　52. 机型和故障现象：创维55LED10（8K81机芯）液晶彩电，不能开机，有时能开机，
　　　　但屏闪几下就灭 ·· 144

　　53. 机型和故障现象：创维55LED10（8K81机芯）液晶彩电，开机后，工作正常，
　　　　但按操作键后，菜单项目来回跳动 ·· 146

　　54. 机型和故障现象：创维55x5（9R20机芯）液晶彩电，不能开机 ······························ 147

　　55. 机型和故障现象：创维60G7200（8H87机芯）液晶彩电，开机三无，指示灯不亮 ········ 148

　　56. 机型和故障现象：创维60V8E（8A20机芯）液晶彩电，背光不亮 ···························· 148

　　57. 机型和故障现象：创维65E790U（8S09机芯）液晶彩电，背光灯亮，黑屏 ················· 149

　　58. 机型和故障现象：创维65E810U（8K93机芯）液晶彩电，开机黑屏，背光亮 ·············· 151

59. 机型和故障现象：创维 65S9300（8S87 机芯）液晶彩电，不能开机，指示灯也不亮 ……… 151

60. 机型和故障现象：创维 65S9300（8S87 机芯）液晶彩电，通电后，指示灯亮，不能开机 … 153

5.4 海尔液晶彩电上门维修实战技巧 …………………………………………………… 154

61. 机型和故障现象：海尔 D55TS7201（RTD2984 机芯）液晶彩电，无声音 ……………… 154

62. 机型和故障现象：海尔 LE46M300P（MSD6I988 机芯）液晶彩电，有图像，无声音 …… 156

63. 机型和故障现象：海尔 LE48A7000（MSD6I881 机芯）液晶彩电，不能开机，指示灯亮 … 156

64. 机型和故障现象：海尔 LE55KCA1（6M48 机芯）液晶彩电，无台 ……………………… 157

65. 机型和故障现象：海尔 LU52T1（GCZ）液晶彩电，无信号 ……………………………… 157

66. 机型和故障现象：海尔 K47U7000P（MSD6A801 机芯）液晶彩电，自动关机，关机后不能用遥控器二次开机，但按交流开关重新开/关一次后，能二次开机 ……………… 159

67. 机型和故障现象：海尔 K70H6000S（MSD6A918+6M40 机芯）液晶彩电，不能开机 …… 160

68. 机型和故障现象：海尔 LD49U9000（MSD6I881 机芯）液晶彩电，自动关机、死机，待机后不能开机 ………………………………………………………………………… 160

69. 机型和故障现象：海尔 LD49U9000（MSD6I881 机芯）液晶彩电，无声音 …………… 162

70. 机型和故障现象：海尔 LD50U3200 液晶彩电，不能开机 ……………………………… 162

71. 机型和故障现象：海尔 LE32Z300（MST6M181 机芯）液晶彩电，不能开机 …………… 165

72. 机型和故障现象：海尔 LE32Z300（MST6M181 机芯）液晶彩电，遥控失灵 …………… 165

73. 机型和故障现象：海尔 LE40B510X 液晶彩电，开机十几分钟后，黑屏，伴音正常，随后关机；冷却半小时后，开机能工作，但不久故障重现 ……………………… 165

74. 机型和故障现象：海尔 LE50B5000W（MSD6A628VX-XZ 机芯）液晶彩电，开机后，指示灯亮，但液晶屏不亮，按遥控器，指示灯能变换为工作状态 ………………… 168

75. 机型和故障现象：海尔 LE50B5000W（MSD6A628VX-XZ 机芯）液晶彩电，不能开机，指示灯亮 …………………………………………………………………………… 168

76. 机型和故障现象：海尔 LE55KCA1（6M48 机芯）液晶彩电，三无 …………………… 170

77. 机型和故障现象：海尔 LED42B3500W 液晶彩电，在工作过程中出现无规律的黑屏（黑屏时背光熄灭），伴音正常 ………………………………………………… 170

78. 机型和故障现象：海尔 LS55AL88R81A2 液晶彩电，二次开机后，背光亮，屏幕上无字符、无图像 …………………………………………………………………… 172

5.5 TCL 液晶彩电上门维修实战技巧 …………………………………………………… 173

79. 机型和故障现象：TCL L46E5000-3D（MS28L 机芯）液晶彩电，开大音量时，伴音失真 …………………………………………………………………………… 173

80. 机型和故障现象：TCL L46E5300A-3D（MS99 机芯）液晶彩电，无声音，有图像 …… 173

81. 机型和故障现象：TCL L46E64（GC32 机芯）液晶彩电，只能收看一个台，其他工作均正常 ……………………………………………………………………… 174

82. 机型和故障现象：TCL L46E64（GC32 机芯）液晶彩电，开机后，屏点亮，

无图像，无开机字符 ……………………………………………………………………… 175

83. 机型和故障现象：TCL L48E5000E（MT01C 机芯）液晶彩电，不能开机，电源红灯亮 …… 177

84. 机型和故障现象：TCL L50E5690A-3D（MS818A 机芯）液晶彩电，通电后，不能开机 …… 177

85. 机型和故障现象：TCL L50E5690A-3D（MS818A 机芯）液晶彩电，开机后，图像
　　　出现竖带，几分钟后，出现灰屏 ………………………………………………………… 177

86. 机型和故障现象：TCL L55E5610A-3D（MS801 机芯）液晶彩电，开机有图像，
　　　但不定时出现无声音 ……………………………………………………………………… 179

87. 机型和故障现象：TCL L55F3390A-3D 液晶彩电，通电后，电源指示灯不亮，
　　　整机出现三无 ……………………………………………………………………………… 179

88. 机型和故障现象：TCL L55V6200DEG（MS48IS 机芯）液晶彩电，开机一段时间后，
　　　不定时出现有声音、无图像，背光板亮 ………………………………………………… 180

89. 机型和故障现象：TCL L55V6500A-3D（MS801 机芯）液晶彩电，在播放 3D 片源时，
　　　没有 3D 效果，TV 和其他信号均正常 ………………………………………………… 182

90. 机型和故障现象：TCL L58X9200A-3D（MS801 机芯）液晶彩电，通电后，指示灯亮，
　　　整机出现三无，不能二次开机 …………………………………………………………… 183

91. 机型和故障现象：TCL L65E5690A-3D（MS901K 机芯）液晶彩电，开机后，图像正常，
　　　无声音，在输入其他信号源时也无声音 ………………………………………………… 185

92. 机型和故障现象：TCL L65E5690A-3D（MS901K 机芯）液晶彩电，HDMI 无图像，
　　　其他信号源正常，有时出现遥控关机后不能二次开机 ………………………………… 186

93. 机型和故障现象：TCL L65E5690A-3D（MS901K 机芯）液晶彩电，工作几分钟后，
　　　自动关机，整机处于待机状态 …………………………………………………………… 187

94. 机型和故障现象：TCL L65E5700A-UD（RT95 机芯）液晶彩电，开机后，在 TV 状态下
　　　搜不到台，在搜台时，液晶屏有噪波雪花，在其他信号源的状态下正常 …………… 188

95. 机型和故障现象：TCL L65E5700A-UD（RT95 机芯）液晶彩电，在所有的信号源
　　　下均无声音 ………………………………………………………………………………… 189

96. 机型和故障现象：TCL B55A658U（RT95 机芯）液晶彩电，不能开机 …………………… 189

5.6 海信液晶彩电上门维修实战技巧 ……………………………………………………………… 192

97. 机型和故障现象：海信 LED32EC260JD 液晶彩电，开机后，有伴音，背光不亮 ………… 192

98. 机型和故障现象：海信 LED39K300J 液晶彩电，开机后，灰屏，有伴音，有背光，
　　　无图像 ……………………………………………………………………………………… 193

99. 机型和故障现象：海信 LED39K300J 液晶彩电，通电后，指示灯亮，按遥控器和
　　　本机按键失效，整机呈死机状态 ………………………………………………………… 194

100. 机型和故障现象：海信 LED42K01P 液晶彩电，无伴音，图像正常 ……………………… 196

101. 机型和故障现象：海信 LED42K16X3D 液晶彩电，收不到台 ……………………………… 196

102. 机型和故障现象：海信 LED42K310X3D（MT5501 机芯）液晶彩电，背光亮一下后黑屏 … 199

103. 机型和故障现象：海信 LED42K310X3D（MT5501 机芯）液晶彩电，三无 ……………… 200

104. 机型和故障现象：海信 LED42T28PKV（电源板号：RSAG7.820.2194）液晶彩电，
三无，指示灯亮 ……………………………………………………………………………… 200

105. 机型和故障现象：海信 LED42T36P 液晶彩电，三无，指示灯亮 ……………………… 202

106. 机型和故障现象：海信 LED46K16X3D 液晶彩电，通电后，花屏 …………………… 202

107. 机型和故障现象：海信 LED50EC590UN（MSD6A918 机芯）液晶彩电，在工作
过程中出现三无 …………………………………………………………………………… 204

108. 机型和故障现象：海信 LED50MU7000U（MSD6A828 机芯）液晶彩电，接收
TV 信号时无图像 …………………………………………………………………………… 205

109. 机型和故障现象：海信 LED50MU7000U（MSD6A828 机芯）液晶彩电，通电后，
指示灯不亮，也不能开机 ………………………………………………………………… 206

110. 机型和故障现象：海信 LED55T28GPN（MST6I78 机芯）液晶彩电，开机后，
有伴音，屏幕灰暗 ………………………………………………………………………… 206

111. 机型和故障现象：海信 LED55T36GP（MSD61982 机芯）液晶彩电，开机后，
指示灯不亮，整机呈三无状态 …………………………………………………………… 206

112. 机型和故障现象：海信 LED70MU7000U（MSD6A828 机芯）液晶彩电，在输入多种
信号源后均无声音 ………………………………………………………………………… 210

113. 机型和故障现象：海信 TLM42T69GP 液晶彩电，通电后，指示灯亮，不能开机 …… 210

114. 机型和故障现象：海信 TLM47V78X3D 液晶彩电，开机后，无伴音 ………………… 213

第6章　互联网+APP 资料查阅 ………………………………………………………… 215

6.1　液晶彩电工厂模式的进入、退出方式 ………………………………………………… 215

1. TCL MSD6M182 机芯液晶彩电工厂模式的进入、退出方式 …………………………… 215
2. TCL MT27 机芯液晶彩电工厂模式的进入、退出方式 ………………………………… 215
3. 长虹 LP06 机芯液晶彩电工厂模式的进入、退出方式 ………………………………… 216
4. 长虹 RTD2684 机芯液晶彩电工厂模式的进入、退出方式 …………………………… 216
5. 长虹 ZLM60H-iS 机芯液晶彩电工厂模式的进入、退出方式 ………………………… 216
6. 长虹 ZLS45H-iUM 机芯液晶彩电工厂模式的进入、退出方式 ……………………… 217
7. 长虹 ZLS46G 机芯液晶彩电工厂模式的进入、退出方式 …………………………… 217
8. 长虹 ZLS59G-i/ZLS59G-iP-1/ZLS59G-iP-3 机芯液晶彩电工厂模式的进入、
退出方式 …………………………………………………………………………………… 217
9. 创维 6N30 机芯液晶彩电工厂模式的进入、退出方式 ………………………………… 218
10. 创维 8A17 机芯液晶彩电工厂模式的进入、退出方式 ……………………………… 218
11. 创维 9R05 机芯液晶彩电工厂模式的进入、退出方式 ……………………………… 218
12. 创维 9R08 机芯液晶彩电工厂模式的进入、退出方式 ……………………………… 218

13. 海尔 MSD6I881 机芯液晶彩电工厂模式的进入、退出方式 ······ 219

14. 海尔 MST6A600 机芯液晶彩电工厂模式的进入、退出方式 ······ 219

15. 海尔 MST6M69 机芯液晶彩电工厂模式的进入、退出方式 ······ 219

6.2 液晶彩电芯片应用电路 ······ 220

1. AP1212 芯片应用电路 ······ 220

2. HR911105C 芯片应用电路 ······ 220

3. NC/CD2406 芯片应用电路 ······ 221

4. PAM8006 芯片应用电路 ······ 222

5. TAS5707 芯片应用电路 ······ 223

6. TPA3110D2 芯片应用电路 ······ 224

7. TPA3121D2 芯片应用电路 ······ 225

第1章

互联网+APP 知识简介

1.1 什么是互联网+

互联网+就是"互联网+各个传统行业",但并不是简单地相加,而是利用信息通信技术和互联网平台,让互联网与各个传统行业深度融合,创造新的发展生态。互联网+家电维修行业的关系如图1-1所示。

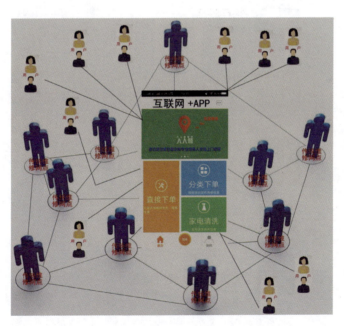

图1-1 互联网+家电维修行业的关系

1.2 什么是 APP

APP 是英文 Application（应用程序）的简称，是应用在 iOS、Mac、Android 等系统下的应用软件。目前较为流行的智能手机和平板电脑大多采用 iOS（苹果移动设备）和 Android（安卓）系统，所以 APP 也是应用在智能手机和平板电脑上的第三方应用程序。随着移动互联网的迅速发展，APP 给人们的生产和生活带来了极大的便利。APP 软件客户端集中在手机或平板电脑的应用商店里，如图 1-2 所示。用户需要哪方面的 APP，就可到手机或平板电脑的应用商店里下载。

图 1-2　应用商店

1.3 互联网+APP 如何运作

互联网+APP 通过专业的互联网服务平台，为用户提供 O2O 互联网线上服务，快捷、方便。用户无需出门即可享受优质的线下服务。用户通过手机上的 APP 发布需要服务的发单信息，APP 可自动定位离用户最近的接单人，接单人在规定的时间内上门提供服务。互联网+APP 不仅省去中间环节，还使维修费用更加实惠。在服务过程中，APP 运营商要对发单人和接单人进行监管。发单人和接单人可对对方的服务进行评价，用于提供后续服务参考。这种方式比传统单纯的店面维修更加透明、规范、科学、合理。互联网+APP 具体运作示意图如图 1-3 所示。

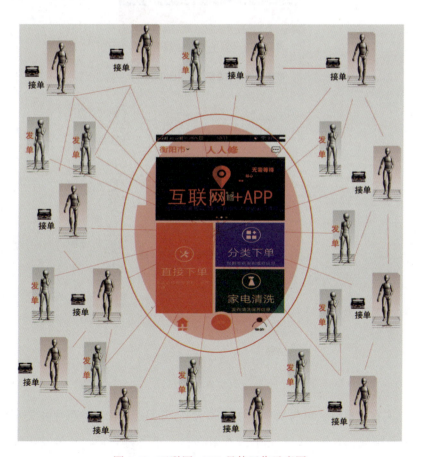

图 1-3　互联网+APP 具体运作示意图

1.4 用手机 APP 如何接单

用手机 APP 接单的具体操作步骤如下：

（1）用户下载 APP 并注册后，即可在线发布液晶彩电清洗或安装维修的订单。

（2）接单人下载 APP 并注册后，即可在线申请兼职自由维修人资格，经 APP 平台审核通过后，便可同步接收订单。

（3）接单人根据自己的维修能力可自主选择周边的订单，在接单列表中会显示发单人与接单人的实际距离、要办的事项及发单人的详细地址，如图 1-4 所示。

图 1-4　接单列表

（4）接单人在接单时，可与发单人在线聊天，即时发送语音、图片和文字信息，了解机器故障的大致情况，方便上门时带齐工具和备件。准备好之后，让发单人发行程，即可快速上门维修。也可在社区发行程，让发单人主动找接单人。

（5）维修后，接单人点击 APP 上的"完成维修"，发单人点击"确认订单"，费用即可到接单人的 APP 余额中。接单人点击"我的",再点击"我的余额",点击"提现",界面提交提现申请,申请成功后,APP 会将提现金额打到申请人的银行账户或支付宝中(系统会显示几天内到账)。发单人和接单人均可在 APP 上在线电子签收、电子结算,还可保存数据信息。

(6)所有的费用及维修项目清单均可在 APP 上查询,不同的 APP 运营商有不同的提成方案,有些采用年费 VIP 制,在一定的时间内,APP 运营商不收取每单的提成。若接单人不是 VIP,则 APP 运营商每单提成一定额度(如15%)的佣金。

> 采用互联网+APP 接单维修时,发单人和接单人不要轻易取消订单,否则会造成不良后果。发单人在没有接单人接单时,点击"我的发单",可以随时取消订单;若已有接单人接单,则不能取消订单;若一定要取消订单,则必须致电 APP 平台客服进行说明;若接单人已接单,则不能取消,必须完成订单;若接单人接单后不管不顾,则 APP 平台会将接单人拉入黑名单;若接单人确因客观原因不能接单,则应致电发单人说明原因,再致电 APP 平台客服说明情况。

1.5 自由维修人如何接单

若非专业坐店的自由维修人要在 APP 上接单(以"人人修"APP 为例进行说明),则需要先申请自由维修人(见图1-5),再阅读申请人注意事项和协议条款(见图1-6),并如实填写自由维修人的有效身份信息和半身免冠工作照(见图1-7),提交后,等待 APP 运营商审核通过后,即可接单。

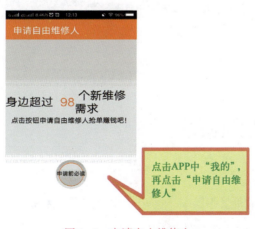

图1-5　申请自由维修人

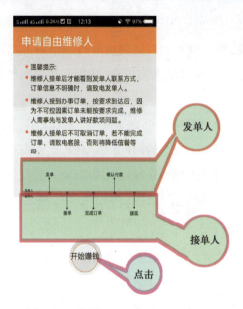

图 1-6　申请人注意事项和协议条款

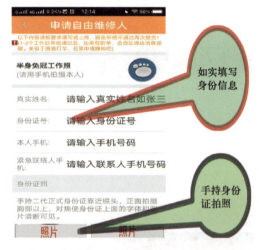

图 1-7　填写自由维修人的有效身份信息和半身免冠工作照

1.6　PC 端如何派单

APP 一般分为客户端和服务器端。客户端用于发单人和接单人通过手机或平板电脑发单和下单。服务器端供平台运营商使用，是 PC 端。有些 APP 分为用户端和师傅端，PC 端将用户端的订单派发到师傅端，由签约师傅接单完成。有些 APP 将用户端和师傅端合并在一个 APP 中，发单人发单，师傅抢单。PC 端在服务器上不派单，只起监管和结算的作用。

有些 APP 是通过专用的 APP 管理端来实现派单的，如维修宝，维修企业或个人在创建公司（见图 1-8）后，直接在管理端派单（见图 1-9），并且可在管理端进行工单搜索（见图 1-10），为派单提供更多便利。

图 1-8　在 APP 管理端创建公司　　　　图 1-9　直接在管理端派单

图 1-10　工单搜索

1.7 接单人如何上门维修

接单人通过APP查到自己有把握维修好的订单后,先点击订单详情(见图1-11),查看订单信息中要办的事项、接听发单人对故障描述的语音说明及上门时间和上门地址,根据语音说明大致确定故障部位后,点击接单,根据语音说明确定上门维修必须要带的工具和备件,点击订单详情中的地图进行导航;到达发单地址后,先进行简单沟通、询问、试机,再准备维修场地,拆机维修;维修好后,一定要清理现场。若遇到不能快速维修的故障或没有备件的故障,则可采用应急处理方式进行处理,等找到原装备件后再更换(注意,要与发单人协商好)。

图1-11 订单详情

1.8 发单人如何评价

接单人通过APP接单并且完成订单后,发单人可对接单人的工作进行评价。例如,发单人在阿里修中下单后,阿里修系统将根据发单人的需求和距离调配一位最合适的接单人;接单人维修完成后,发单人需要给接单人做出评价,阿里修客服也会定期电话回访。对于接单人来说,评价更为重要,是后续发单人和维修企业的重要参考。

  APP平台上的每位接单人都要根据培训教材、培训流程进行上岗培训。每一个APP平台都有一套自己的培训体系,包括理论培训、实操培训、进阶培训及回炉培训等不同环节,并且以相应的考试和评级作为对培训效果的评判。在此基础上,每一个线下服务网点都建立相应的培训子系统对签约接单人进行培训,以便更专业化、更标准化地为发单人服务。发单人的评价自然成为APP平台考核签约接单人的标准之一。

>   成为自由维修人后,一定要诚实守信,一诺千金,使命必达,准时准点,确保安全,把信誉看得比金钱重要,维修一单获得一个好评,树立自己的口碑,打造个人(公司)形象。

第 2 章

互联网+APP 维修预备知识

2.1 工具的介绍、选购及操作

2.1.1 数字万用表的介绍

在检修液晶彩电时,数字万用表是必不可少的(指针万用表的用量越来越少)。数字万用表的型号很多,功能和使用方法大同小异。下面以胜利牌 VC890C+数字万用表(见图 2-1)为例进行介绍。

图中标注了该数字万用表的各项功能,公共端插黑表笔,三个红色插孔分别插入测量电压和电阻的红表笔、测量 20A 大电流的红表笔及测量 20mA 小电流的红表笔。也就是说,在测量 20A 大电流和 20mA 小电流时,红表笔分别插在这两个插孔中。一般的数字万用表均带有换挡提示、数据保持、自动熄屏及关机功能。数字万用表一般配有缓冲防护皮套、背部支撑架和壁挂孔,有的还带有表笔安放插槽。保险管和电池舱是数字万用表的重要部件。保险管起限流保护作用。电池舱是用来安放电池的,通常采用 9V 电池或 1.5V 电池多种供电方式。

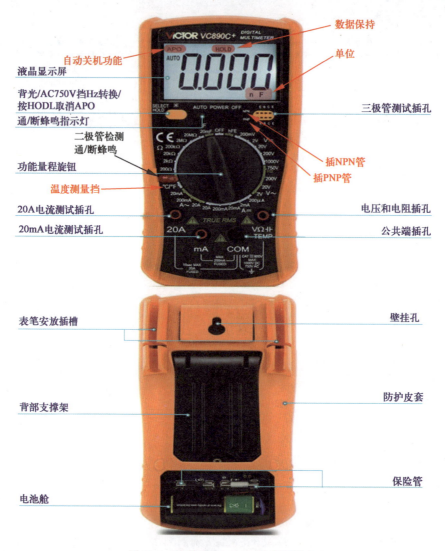

图 2-1 胜利牌 VC890C+数字万用表

2.1.2 数字万用表的选购

在选购数字万用表时,首先要确定数字万用表的使用场合和主要维修的电器。维修液晶彩电的数字万用表,一是要挡位多(带单独电容、晶体管、电流及频率的测量挡位)、显示位数精确、防磁、抗干扰能力强、可自动关机、具有保护功能和防高压打火电路;二是价格(100~200元)要合适,经济适用;三是必须为正品,有权威计量检测机构的校准证书、中华人民共和国制造计量器具许可证、ISO 质量证书且经中国 CMC 认证(经欧洲 CE

认证和德国 TUV 认证更好),如图 2-2 所示。维修液晶彩电的数字万用表应具有的基本功能如图 2-3 所示,特殊功能如图 2-4 所示。

图 2-2　权威认证标志

基本功能	量　　程
测量直流电压	200mV/2V/20V/200V
	1000V
测量交流电压	2V/20V/200V
	750V
测量直流电流	200μA/2mA/20mA
	200mA
	20A
测量交流电流	20mA
	200mA
	20A
测量电阻	200Ω
	2kΩ/20kΩ/200kΩ/2MΩ
	20MΩ
测量电容	2nF
	2nF/200nF/200μF
	2000μF/10mF/20mF
测量温度	−20~1000℃

图 2-3　维修液晶彩电的数字万用表应具有的基本功能

特殊功能	特殊功能要求
三极管测试	—
背光显示	—
通、断报警	—

特殊功能	特殊功能要求
市电频率	—
低电压显示	—
自动关机	可手动设置
功能保护	—
200mA 挡保险管	—
防振保护	—
输入阻抗	10MΩ
采样频率	3 次/s
交流电压频响	40~1000Hz 有效值测量
操作方式	手动量程
显示	1999
电源	9V（6F22）

图 2-4　维修液晶彩电的数字万用表应具有的特殊功能

2.1.3　数字万用表的操作

1. 测量电阻、电压

测量时，将红表笔插入 VΩ 插孔，黑表笔插入 COM 插孔，功能量程旋钮旋到电阻或电压挡，如图 2-5 所示。

图 2-5　用数字万用表测量液晶彩电的贴片电阻

测量直流电压时，先将功能量程旋钮旋到比被测电压高（事先预估）的挡位上，如测量 9V 电池的电压，将功能量程旋钮旋到直流 20V；测量交流电压时，如测量交流市电，将功能量程旋钮旋到交流 750V，测量值直接显示在显示屏上，如图 2-6 所示。

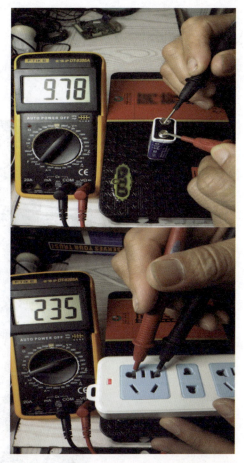

图 2-6　用数字万用表测量直流电压和交流电压

液晶彩电大量采用贴片元件，检测时，应选用超尖的表笔（见图 2-7），用普通表笔容易造成接触不良或短路故障。

图 2-7　选用超尖的表笔

2. 测量电流

数字万用表可以测量直流电流和交流电流。首先将功能量程旋钮旋到电流挡，黑表笔插入 COM 插孔，红表笔插入 mA 插孔，数字万用表与被测物组成串联电路，红表笔接电源，黑表笔接被测物（见图 2-8），根据串联电路电流相等、电压相加的原理，数字万用表上显示的数字即为被测物的电流。图 2-9 为用数字万用表测量 LED 灯的直流电流和交流电流。

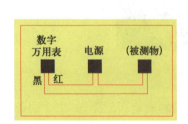

图 2-8　用数字万用表检测电流

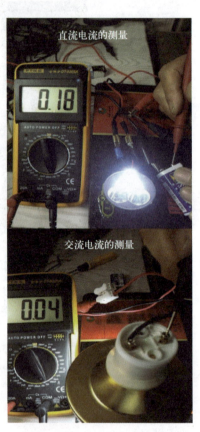

图 2-9　用数字万用表测量 LED 灯的直流电流和交流电流

3. 测量电容

先将数字万用表的功能量程旋钮旋到 F 挡，根据电容量旋到相应的挡位，如测量 1μF 的电容，则旋到 2μF 挡，将红表笔插入 mA 插孔，黑表笔插入 COM 插孔，如图 2-10 所示，显示屏显示为 0.998μF。

图 2-10 测量 1μF 的电容

4. 测量三极管

测量三极管时,先将数字万用表的功能量程旋钮旋到二极管挡,红表笔插入 VΩ 插孔,黑表笔插入 COM 插孔。若被测三极管为 PNP 管,则用黑表笔接 B 极,红表笔分别接 E 极和 C 极,显示屏显示的阻值分别为数百欧(相差几十欧);交换表笔后再测量,显示屏显示的阻值应为无穷大。若被测三极管为 NPN 管,则用红表笔接 B 极,黑表笔分别接 E 极和 C 极,显示屏显示的阻值分别为数百欧(相差几十欧);交换表笔后再测量,显示屏显示的阻值应为无穷大。若不知道被测三极管是 PNP 管还是 NPN 管,则将红表笔接 B 极,黑表笔接其他两个极,测得的阻值均为几百欧,说明是 NPN 管;将黑表笔接 B 极,红表笔接其他两个极,测得的阻值均为几百欧,说明是 PNP 管。图 2-11 为用数字万用表测量贴片三极管。

> 经验分享:贴片三极管的第一脚(左边)为基极,第二脚(中间)为集电极,第三脚(右边)为发射极。有的贴片三极管,单独的一脚是集电极,将集电极朝上摆放,下面的两脚,左边是基极,右边是发射极。

用数字万用表测量三极管的 h_{FE}(电流放大倍数)时,先将功能量程旋钮旋到 hFE 挡,将三极管的 3 个引脚对应插入三极管测试插孔,显示屏显示的数值即为 h_{FE},如图 2-12 所示。

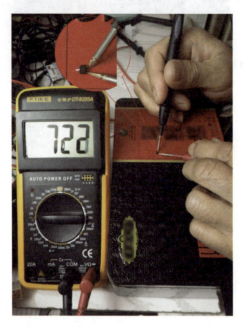

图 2-11 用数字万用表测量贴片三极管

图 2-12 用数字万用表测量三极管的 h_{FE}

由于数字万用表在测量三极管时采用插孔式,而液晶彩电的三极管多为贴片式,因此在测量时需要准备一个贴片三极管测试座(见图 2-13),将贴片三极管放在测试座上,再将测试座的外引脚插入数字万用表的三极管测试插孔即可进行测量。

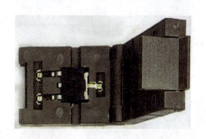

图 2-13　贴片三极管测试座

2.2　备件的介绍、选用及检测

　　液晶彩电的维修主要是板级维修，因为在电路中大多是贴片元器件，芯片级维修较少，所以上门维修液晶彩电时的常用备件有贴片三极管（R25、10N65、DG301、D256、SMK630、KSCC4843、FDD8447、WSA1A、C5707、7N65、MDD3752、D417、D4454、RF1501、SE8117T33、RJK63K2 等）、电阻（0R、1R、10R、100R、1k、10k、100k、1M）、电容［22μF/16V（贴片代码为 226 1C）、2.2μF/50V（贴片代码为 225 1H）、10μF/16V（贴片代码为 106 1C）、4.7μF/50V（贴片代码为 475 1H）、10μF/35V（贴片代码为 106 1V）、1μF/50V（贴片代码为 105 1H）、33μF/10V（贴片代码为 336 1A）等］、电感［1μH（贴片代码为 1R0）、2.2μH（贴片代码为 2R2）、3.3μH（贴片代码为 3R3）、4.7μH（贴片代码为 4R7）、10μH（贴片代码为 100）、15μH（贴片代码为 150）、22μH（贴片代码为 220）、33μH（贴片代码为 330）、47μH（贴片代码为 470）等］、保险管［0.25A（贴片代码为 D）、0.37A（贴片代码为 E）、0.5A（贴片代码为 F）、0.75A（贴片代码为 G）、1A（贴片代码为 B）、1.5A（贴片代码为 H）、2A（贴片代码为 K）、2.5A（贴片代码为 L）、3A（贴片代码为 O）、3.5A（贴片代码为 R）、4A（贴片代码为 S）、5A（贴片代码为 T）、6A（贴片代码为 V）、7A（贴片代码为 X）、8A（贴片代码为 Z）］、视频处理 IC［TC90517FG（见图 2-14）、MST9883B-C、MT5505BKDI、MST6M182XDT-Z1 等］、高频头［TMI1-C23I1ARW（见图 2-15）、2CD8002B 带数字电视接收、TDTC-G901D 等］，应多带常用的贴片三极管、贴片三端稳压块及各种形状的轻触按键，为了提高维修速度，最好还要带上通用电源、LED 驱动板（见图 2-16，为 26~65 英寸液晶彩电通用电源、灯条驱动二合一板）、LCD 高压板、LED 灯管数根、LED 背光条数根，在上门维修之前，要在 APP 上事先咨询液晶彩电的具体尺寸和故障现象，以便带上相应尺寸的电源板、LED 驱动板或电源 LED 驱动二合一板，当然最好还要带上对应品牌液晶彩电的通用电源板。图 2-17 为海信 26~47 英寸液晶彩电的通用电源板。

图 2-14　视频处理集成电路 TC90517FG

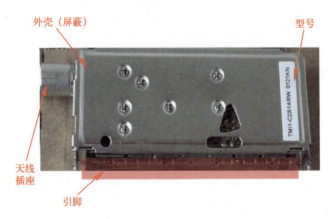

图 2-15　高频头 TMI1-C23I1ARW

更换备件时，先要看清楚型号，再用同型号的备件更换。由于贴片元器件大多采用代码标记，因此需要特别注意贴片代码的含义。贴片电容的代码为三个数字，前两个数字表示第一位和第二位有效数字，第三个数字表示有效数字后零的个数，小数点用 R 表示，如 0R2 表示贴片电容的电容量为 0.2pF，105 表示贴片电容的电容量为 1μF（1000000pF）。三个数字后面的两个文字表示贴片电容的耐压值：0J 表示耐压值为 6.3V；1A 表示耐压值为 10V；1C 表示耐压值为 16V；1E 表示耐压值为 25V；1V 表示耐压值为 35V；1H 表示耐压值为 50V。

选用备件时，除了通用电源板，液晶彩电的原装电源板也是通用的。液晶彩电的原厂电源板可适用于多个机型，如海信的 TLM42V66PK 电源板可适用于 TLM26E58、TLM32V88PK、

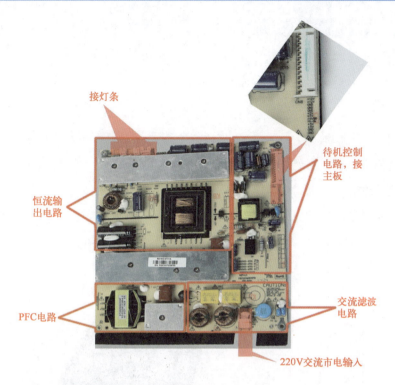

图 2-16　26~65 英寸液晶彩电通用电源、灯条驱动二合一板

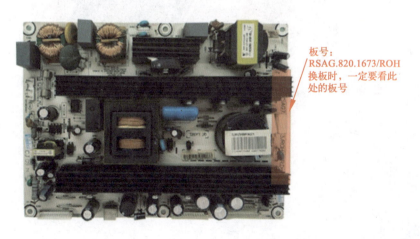

图 2-17　海信 26~47 英寸液晶彩电的通用电源板

TLM37V68、TLM37V86K、TLM37E29、TLM37E29X、TLM37P69D、TLM37V88P、M40V66PK、TLM40V68P、TLM40V68PK、TLM40V69P、TLM40V69K、TLM40V86K、TLM40V86PKV、LM40E69PK、TLM40V78PK、TLM4236P、TLM42V68PK、TLM42V68PKA、TLM42V66PK、TLM42V86PKV、TLM42V89PKV、TLM42V76P、TLM47V88PK、TLM47P69DP、LM40V66PK，也就是说，可适用于海信的 26 英寸和 42 英寸的所有液晶彩电。

> 使用通用电源板时,除了要考虑是 LCD 彩电还是 LED 彩电,主要还要考虑通用电源板的接口形状、接口大小、功率、输出电流、输出电压及孔位等要一致。
>
> 在维修液晶彩电时,为安全起见,建议维修人员带一个单灯高压驱动板,单独用电源驱动,可将每一根灯管都检测一遍,只需连接其中两根同样颜色的导线就可快速查出损坏的灯管。

冬季,维修人员在上门维修时要多带视频 IC。视频 IC 在冬季容易损坏。其原因大多是使用者在触摸按键时,身上的静电电压将解码 IC 击穿。因此,现在很多液晶彩电的触摸按键都采用五脚带屏蔽的按键(见图 2-18)。其中的一脚就是放电脚,在上门更换此类按键时,千万不要随意用四脚按键来代替五脚按键,否则更加容易损坏解码 IC。

图 2-18　五脚带屏蔽的按键

2.3　耗材的选用

液晶彩电的维修耗材主要有屏线、接插件、各种按键及开关。上门维修时,根据 APP 的咨询信息了解液晶彩电的品牌后,应带上通用的或相应品牌的屏线(见图 2-19)、接插件及各种开关。

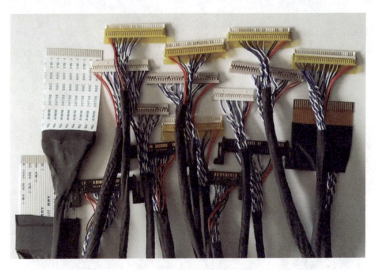

图 2-19　各种尺寸液晶彩电的通用屏线

选用屏线时，一定要搞清屏线的插脚类别，如 FIX 表示屏线的插脚是小口片插的、DF14 表示屏线的插脚是大口针插的、DF19 表示屏线的插脚是小口针插的、51146 表示屏线的插脚是大口片插的，如图 2-20 所示；接头类型，如是否为 I-PEX（可靠的超小型连接器）接头，如图 2-21 所示；P 数（30P、41P、51P 等）是否为 4k 高清线；单供电还是双供电；是左供电（又称反向供电，插脚的金属触点向外，供电电源的红线在左边，如反双 8 屏线就是左供电的屏线，如图 2-22 所示）还是右供电（在大多情况下，插脚的金属触点向外，电源供电的红线在右边，供电脚屏线的颜色一般为红色，地线为黑色，数据线为蓝白色）；是 FPC（柔性印制线）接头、FFC（带状平行线）接头还是 LVDS（低压差分信号线）接头，若不是 LVDS 接头，则可用如图 2-23 所示的万能转换板进行转换；是单时钟线还是双时钟线（单 6、双 6、单 8、双 8 等）；插脚两端是否带卡扣（见图 2-24）等规格指标。代换屏线时，不管规格指标如何，首先要考虑插脚的形状和宽度是否一致。

 扫码看液晶彩电插脚拆装方法微视频 2-1

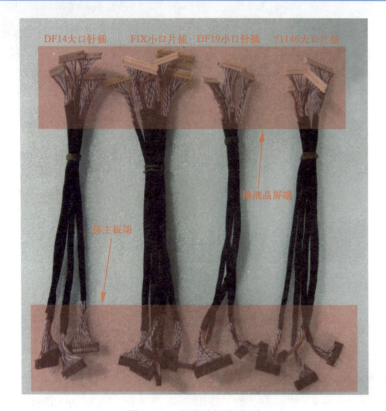

图 2-20　屏线的插脚类别

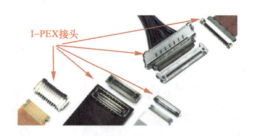

图 2-21　I-PEX（可靠的超小型连接器）接头

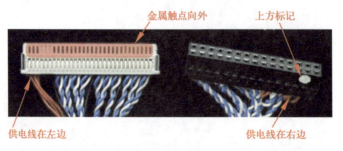

图 2-22　反双 8 屏线

图 2-23 FPC、FFC 转 LVDS 的万能转换板

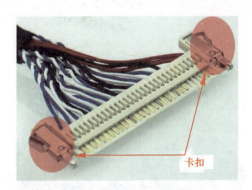

图 2-24 屏线插脚卡扣

在讲述屏线时，网友会经常碰到单6、双6、单8、双8。如何解释呢？这里所说的单，是指数据信号以全像素单路方式传输的，双是指数据信号以奇偶像素双路方式传输的。屏线中的数据线和时钟线一般为一组一组的双绞线，电源线、控制线等均不是双绞线。不管是奇偶像素双路方式传输的数据线，还是全像素单路方式传输的数据线，均要搭配一组时钟线，也就是说，双路方式传输需要两组时钟线。所以，数一下双绞线的对数就可以确定是哪种类型的屏线。共有10对双绞线的屏线，减去2对时钟线就是双8（双代表双路，用字母"S"表示，8代表奇偶各8路数据线，即16路数据线）。共有8对双绞线的屏线，减去2对时钟线就是双6（双代表双路，用字母"S"表示，6代表奇偶各6路数据线，即12路数据线）。共有5对双绞线的屏线，减去1对

时钟线就是单8（单代表单路，用字母"D"表示，8代表8路数据线，即4对数据线）。共有4对双绞线的屏线，减去1对时钟线就是单6（单代表单路，用字母"D"表示，6代表6路数据线，即3对数据线）。例如，一条屏线的型号为FIX-30P-S8，表示插脚是金属材质的，共30脚，双8。单6与双6中"6"的含义是不一样的：单6为6路数据线；双6为6对数据线。

提示：在实际维修中，常采用一个最简单的方法辨别屏线：看屏接口板与屏线对应的电阻个数，因为每对数据线或时钟线之间都有一个100Ω的电阻，有4个电阻就是单6的屏线，有5个电阻就是单8的屏线，有8个电阻就是双6的屏线，有10个电阻就是双8的屏线。

2.4 维修工具包

上门维修一定要配备一个完整好用的工具包，如图2-26所示。

图2-25 工具包

工具包应包含以下工具。

（1）外热式防静电尖头电烙铁，如图2-26所示。

注意：还要带一把排线焊接头，如图2-27所示，只要把排线焊接头安装在普通外热式电烙铁上就可以使用，焊接时，在焊接处左右移动十几秒即可，不能长时间停留，以免造成排线损坏。

（2）数字万用表。体积小、精度高，能够直接测量电容值、三极管的h_{FE}、交/直流电流值等的普通数字万用表（必须带尖头表笔）即可。

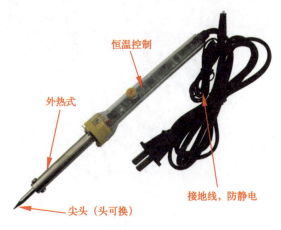

图 2-26 外热式防静电尖头电烙铁

图 2-27 排线焊接头

（3）拆屏工具。在上门维修之前，应向客户咨询液晶彩电的屏幕尺寸和故障的具体表现，大致判断是否为液晶屏或背光板有问题，是否需要带上液晶屏吸盘（见图2-28），没有液晶屏吸盘，液晶屏是拆不下来的。另外，拆卸液晶彩电的外壳需要带上金属撬棒（见图2-29），可以拆卸卡扣式的液晶彩电外壳。改锥或电动改锥（见图2-30）、镊子、尖嘴钳、防静电手套（见图2-31）是常备工具。

图 2-28 液晶屏吸盘

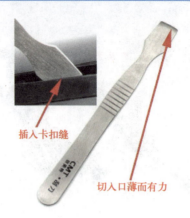

图 2-29　金属撬棒

图 2-30　电动改锥

图 2-31　防静电手套

（4）必带的备件主要有开关电源的开关管、常用的大容量滤波电容、各种贴片稳压二极管、各种规格的贴片电阻（特别是限流电阻）、通用电源板、通用背光板及通用液晶彩电维修板等。

2.5　元器件的检测

2.5.1　贴片电阻、电容的检测

检测贴片电阻、电容应采用带尖头表笔的万用表。图 2-32 为贴片测试夹。图 2-33 为在路检测电路板上的贴片电容是否被击穿。图 2-34 为在路检测贴片电阻是否开路。以上测试方法只是大致估计，对于怀疑的贴片元器件，必须焊下后进行开路检测。因为焊下的贴片元器件体积小，不易操作，所以最好采用带贴片测试夹的万用表进行检测。

第 2 章　互联网+APP 维修预备知识

图 2-32　贴片测试夹

图 2-33　在路检测电路板上的贴片电容是否被击穿

图 2-34　在路检测贴片电阻是否开路

2.5.2 贴片晶体管的检测

贴片晶体管包括二极管、三极管及场效应管等。检测时,首先进行在路检测(见图2-35),大致判断晶体管是否被击穿。若怀疑被击穿,则焊下来进行开路检测,进一步判断是否被击穿。

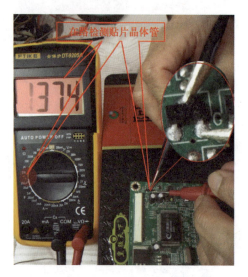

图2-35　在路检测贴片晶体管

2.5.3 屏线的检测

检测屏线时,首先将屏线接到液晶屏的屏板插头上,先不连接驱动板;然后检测屏线上的电源和地之间是否短路,每组蓝白双绞线之间连接的电阻是否为100~120Ω(屏线插到屏板插头上后,在每组蓝白双绞线之间的屏板上都连接一个100Ω的电阻)。若以上检测结果正常,则说明屏线基本是正常的。新型4K液晶彩电大多采用软排线作为屏线,如图2-36所示,检测此类屏线时,只要用万用表检测屏线两端对应的铜触点之间是否为通路即可。更换此类屏线时,一定要核对排线芯数(铜线数=芯数=线数=位数=P数)、屏线总宽(单位为mm)、屏线总长(单位为mm);确定是同面线还是异面线(见图2-37);不要按照排线上面的印字判断型号,排线上面的印字为排线的产品认证,每批排线的印字都不一样。

图 2-36　软排线屏线

图 2-37　同面线与异面线

> 有 4 组蓝白双绞线的屏线是单 6 位屏线，有 5 组蓝白双绞线的屏线是单 8 位屏线，有 8 组蓝白双绞线的屏线是双 6 位屏线，有 10 组蓝白双绞线的屏线是双 8 位屏线，如图 2-38 所示。

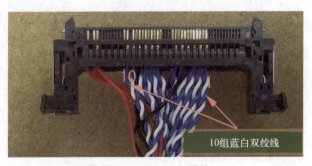

图 2-38　双 8 位屏线

2.6　上门拆机步骤

接单后，联系客户上门维修，到客户家后，先准备好拆机工作台（没有工作台，沙发也行，注意防静电）进行拆机。液晶彩电的拆机步骤如下。

（1）先清理好液晶彩电上的灰尘，拔掉电源线、信号线（网线、高清线），如图2-39所示，从上门工具包里拿出拆机维修工具改锥、拆机撬棒、电烙铁及万用表等，如图2-40所示。

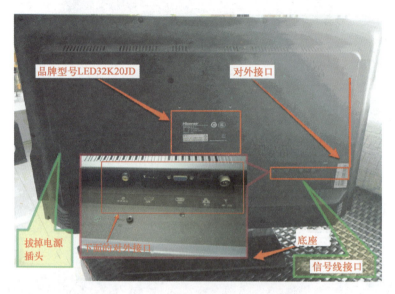

图2-39　拔掉液晶彩电上的电源线和信号线

图2-40　拆机维修工具

（2）先拆下固定底座的四颗螺钉，如图2-41所示，再拆下底座，如图2-42所示。

（3）拆下背板的固定螺钉，用撬棒拆下背板，如图2-43所示。

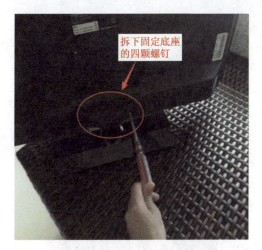

图 2-41　拆下固定底座的四颗螺钉

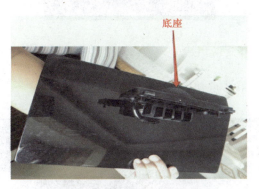

图 2-42　拆下底座

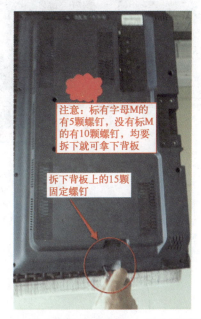

图 2-43　拆下背板的固定螺钉，用撬棒拆下背板

（4）拆下背板，露出内部电路板，如图2-44所示。

图2-44　拆下背板，露出内部电路板

（5）液晶彩电的内部电路板和主要部件如图2-45所示。

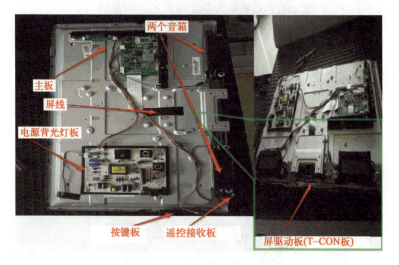

图2-45　液晶彩电的内部电路板和主要部件

拆主板时，一定要先拔掉屏线，液晶彩电的屏线接头通常有两种：一种是抽屉接（上接和下接）；另一种是翻盖接，如图2-46所示。拔插屏线时一定要看清接口类型，不要用力过猛。

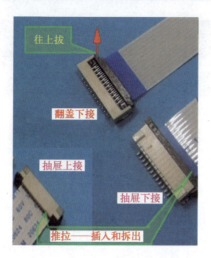

图 2-46 屏线接头

液晶屏驱动板（T—CON 板）位于铁壳和液晶屏之间，有三个接口，如图 2-47 所示：一个接主板的屏线接口；两个输出接口通过两条信号输出排线直接连接液晶面板的行列驱动排插中。

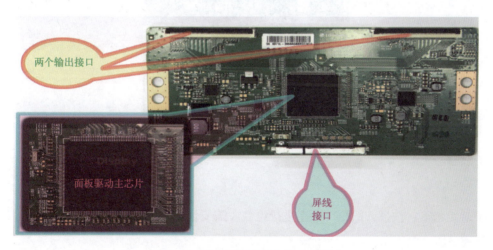

图 2-47 液晶屏驱动板上的三个接口

（6）拆卸液晶彩电到此，对板级维修来说，基本可以达到目的了，但对于背光源损坏的故障，则要进一步拆卸背光源部分。背光源部分应在无尘的环境下进行拆卸，否则容易将灰尘带进液晶面板的内部，影响液晶屏的显示效果。因此，如果不是背光源的故障，就千万不要拆卸背光源部分。

有些液晶彩电还具有 WIFI 板和蓝牙板，一般位于液晶彩电的左、右下角，如图 2-48 所示，拆机时应注意。

图 2-48　WIFI 板和蓝牙板

不同液晶彩电内部连接线的位置不一样，类型相同，如图 2-49 所示，拆卸时应注意。另外，很多连接线的插头上都有卡扣，拆卸时不得生拉硬拽。这种连接线通常都比较脆弱，一旦损坏，则需要彻底更换。

图 2-49　连接线的类型

（7）维修后，按拆卸的相反顺序进行组装。需要注意的是，拆卸后，有些固定胶和导电胶已被破坏，应注意更换。

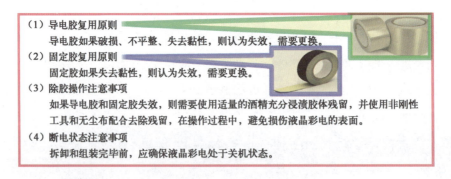

第 2 章　互联网+APP 维修预备知识

扫码看液晶彩电拆机微视频 2-2

2.7　上门维修步骤

互联网+APP 上门维修时，工作时间、工作场地、维修工具及备件均不同于坐店维修来得充足和方便。因此，上门维修应尽量遵循从简从快的原则，按以下步骤进行维修：

（1）在 APP 上接单后，与客户进行沟通时，必须要对所维修的产品或组装知识十分熟悉，根据故障现象能够大致确定故障部位，以不超过 3 分钟的情感沟通时间快速了解客户的需求，建立投缘关系，以诚恳的态度告诉客户是否能修好，可能会存在哪些不确定因素，对确定的因素要有十足的把握，要相信自己的能力，给客户足够的信心，并约定上门时间。

（2）在 APP 上接单后，自由维修人应确保手机开启 GPS 导航功能，以便客户和 APP 运营商能够进行任务事项的跟踪和监管。自由维修人要按照专业维修人的着装要求上门服务，整洁规范、言谈、举止、表情自然平和，以良好的形象，带上整洁干净的工具包（箱），提前 10 分钟到达客户的门口。

（3）上门维修流程如图 2-50 所示。

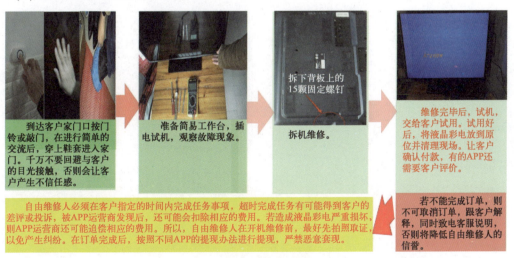

图 2-50　上门维修流程

第 3 章

互联网+APP 维修必备知识

3.1 液晶彩电的结构组成

液晶彩电的结构比较简单，主要由三大部分组成：一是液晶显示屏；二是电路板；三是背光源。三大部分的功能分别为：液晶显示屏用来显示图文信息；电路板用来驱动液晶显示屏；背光源用来提供光栅。图 3-1 为液晶彩电的结构组成。

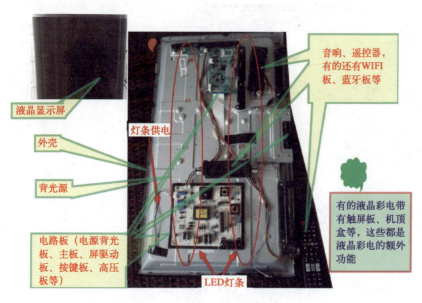

图 3-1 液晶彩电的结构组成

扫码看海信 LED32K20JD 彩电结构组成微视频 3-1

液晶彩电的外部接口组成因品牌不同而大同小异。除常规接口外，有的液晶彩电还带有五向摇杆。创维液晶彩电的接口组成如图 3-2 所示。

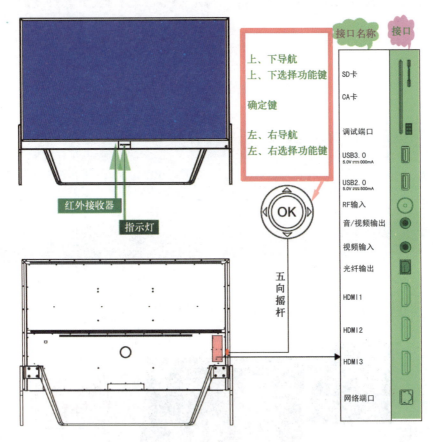

图 3-2　创维液晶彩电的接口组成

3.2　液晶彩电的电路组成

液晶彩电的电路主要包括电源电路、LED 背光电路（或高压电路）、主板电路、按键电路、遥控电路、屏驱动电路，有的还有 WIFI 电路、蓝牙电路等。

3.2.1 电源电路

电源电路采用开关电源。其电路板的正、反面均有相关的元器件,开关管的外围元器件均设置在电路板的反面。图3-3为开关电源开关变压器之前的热地部分,也就是开关电源的AC/DC电路。

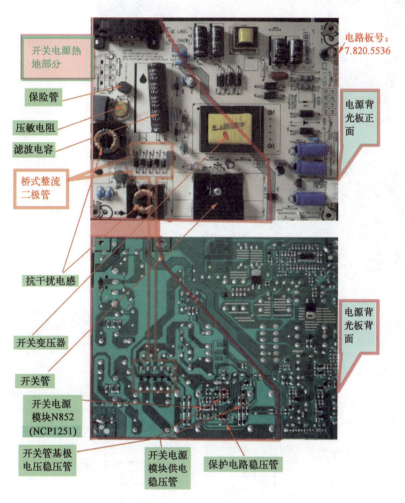

图3-3 开关电源开关变压器之前的热地部分

开关电源开关变压器之后的冷地部分如图3-4所示,也就是开关电源的DC/DC电路,主要输出12V电压供主板使用。

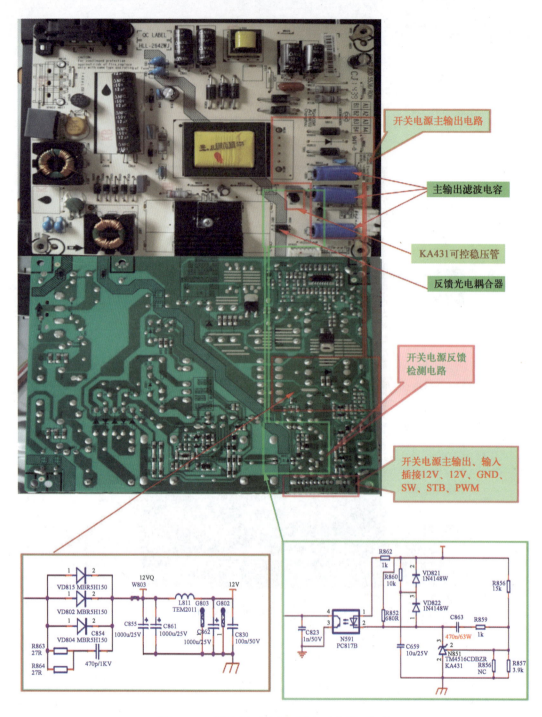

图 3-4 开关电源开关变压器之后的冷地部分

12V整机电源供电及分配图如图3-5所示。

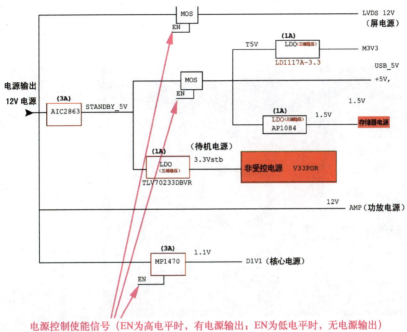

图3-5　12V整机电源供电及分配图

3.2.2　LED背光驱动电路

LED背光驱动电路与电源电路在一起，直接利用电源电路的DC/DC电路输出背光驱动电源，通过电源管理芯片SEL02010M进行控制和输出。背光开关（背光开关MOS管V713）受主板SW信号的控制，背光亮度（背光调光MOS管V712）受主板PWM信号的控制，如图3-6所示。

3.2.3　主板电路

1. 主板外部接口电路（见图3-7）
2. 主板内部接口电路

主板内部接口电路如图3-8所示。图中，上屏线接口采用60P正面（金属面在同一面）软排线；屏线插座XP812上的61脚、62脚直接接地；遥控和按键板共用一个插座XP101；预留的XP102、MINI屏线插座未用。

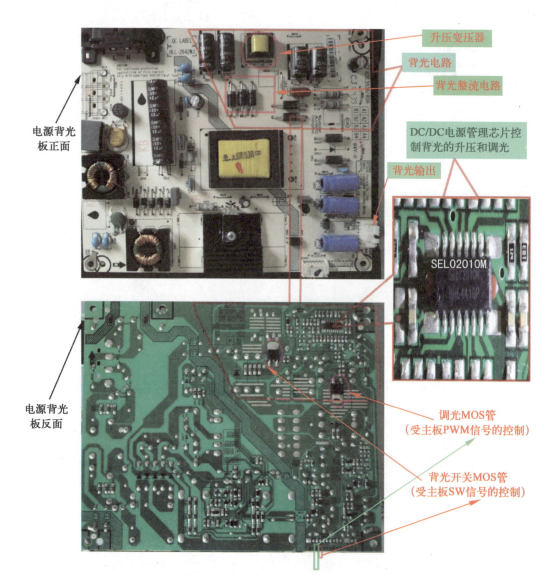

图 3-6 LED 背光驱动电路

第 3 章　互联网+APP 维修必备知识

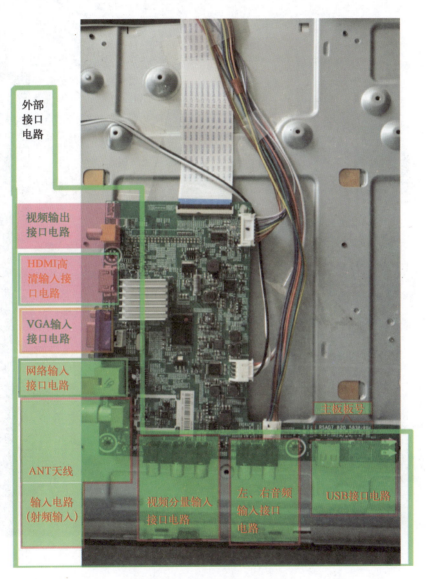

图 3-7　主板外部接口电路

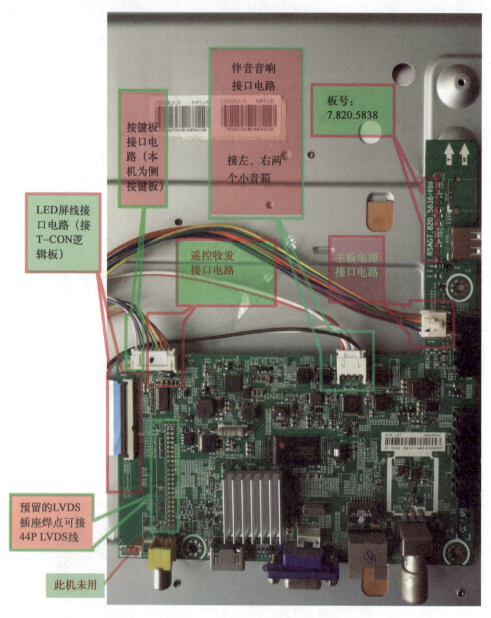

图 3-8 主板内部接口电路

在内部接口电路中屏线接口 XP812 的引脚功能如图 3-9 所示。遥控和按键接口 XP101 的引脚功能及电路如图 3-10 所示。

第3章 互联网+APP 维修必备知识

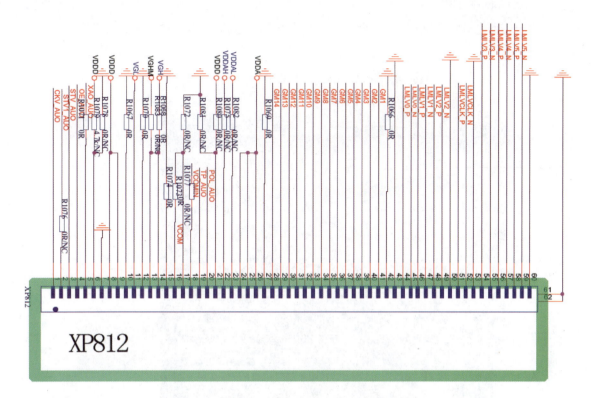

图 3-9 在内部接口电路中屏线接口 XP812 的引脚功能

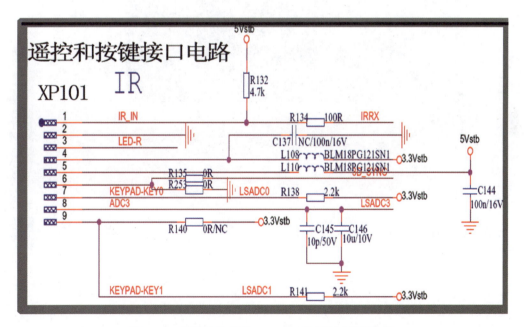

图 3-10 遥控和按键接口 XP101 的引脚功能及电路

3. 主板芯片电路

主板正面芯片电路如图 3-11 所示。主板背面芯片电路如图 3-12 所示。

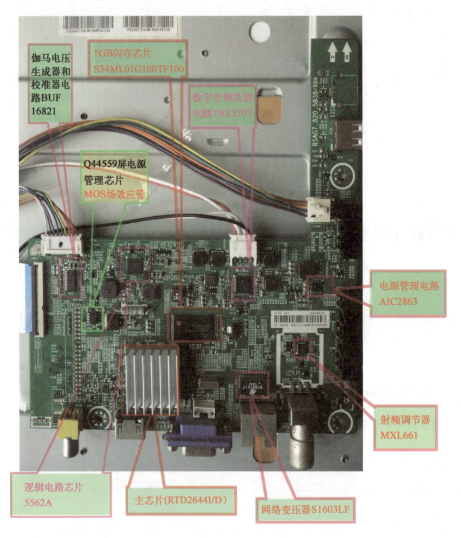

图 3-11 主板正面芯片电路

K24C32 存储器相关电路如图 3-13 所示。

第3章 互联网+APP 维修必备知识

图 3-12 主板背面芯片电路

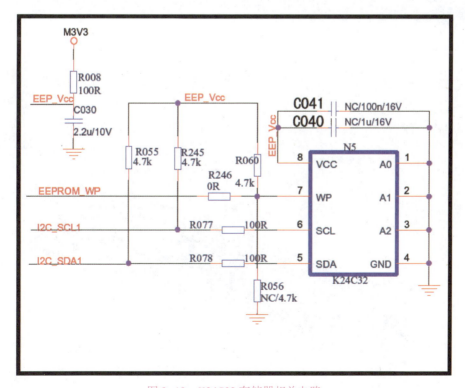

图 3-13 K24C32 存储器相关电路

49

3.2.4 逻辑板电路

逻辑板又称 T-CON 板、屏驱动板等，实物电路如图 3-14 所示。液晶彩电的逻辑板大多与液晶屏构成一个整体，甚至隐藏在液晶屏框内，从外部看不到。

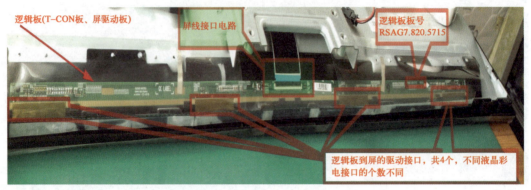

图 3-14 逻辑板实物电路

3.3 液晶彩电的发光原理

液晶屏本身是不发光的。液晶屏利用液晶屏的背光发光。背光光栅通过光学器件处理，透过导通程度不同的液晶像素单元，人眼就能在液晶屏上看到图像。

背光板又称高压板或恒流板。在 LCD 彩电中大多称其为高压板，如图 3-15 所示。在

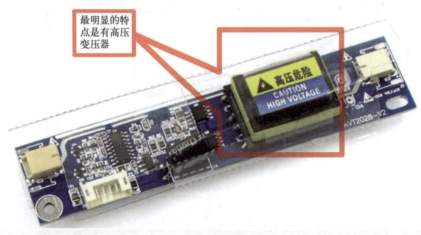

图 3-15 高压板实物图

LED 彩电中大多称其为恒流板。LCD 彩电大多采用冷阴极发光管（CCFL）。LED 彩电大多采用 LED 发光模组。目前，大部分的 LCD 彩电均采用恒流板和 LED 发光模组。

高压板电路原理简图如图 3-16 所示。

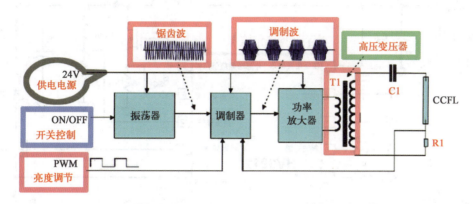

图 3-16　高压板电路原理简图

恒流板电路原理简图如图 3-17 所示。

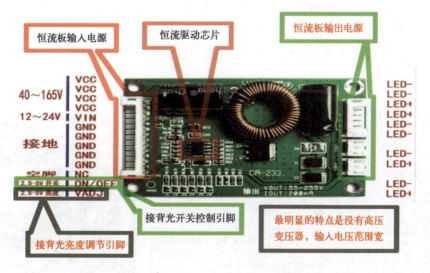

图 3-17　恒流板电路原理简图

恒流驱动电路如图 3-18 所示（以 HV9912 恒流驱动芯片为例）。

不管采用哪一种背光源（CCFL、LED），在液晶彩电背光发光后，均会形成一个直光幕墙（见图 3-19，光源成水平状态安装）或侧光幕墙（见图 3-20，光源安装在四周），并且不管为哪一种光幕墙，其光源都均匀照射到液晶屏的液晶像素上。

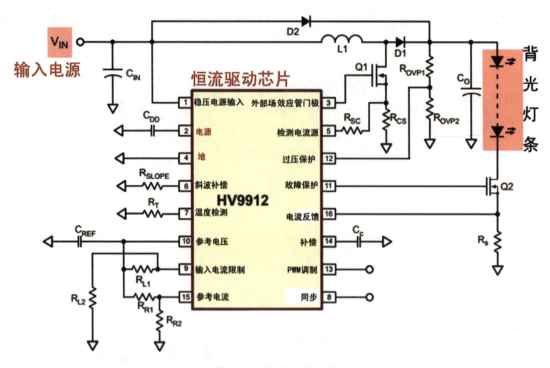

图 3-18 恒流驱动电路

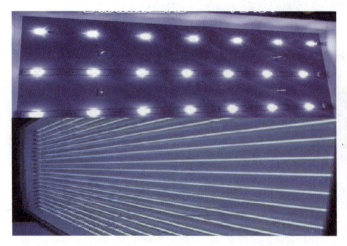

图 3-19 直光幕墙

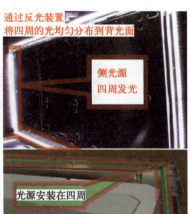

图 3-20 侧光幕墙

3.4 液晶彩电的成像原理

液晶（LCD）是一种介于固体与液体之间，具有规则性分子排列的有机化合物。其特点是在不同的电场作用下，液晶分子会按规则旋转90°排列，从而产生不同的透光度。因透光度的不同，所以产生明暗，通过电子电路控制每个发光单元的明暗程度，即可构成所需要的图像。分布在液晶屏幕的液状晶体有三种颜色：红、绿、蓝。在正常状态下，它们按照一定的顺序排列。这三种颜色被称为三基色。三基色液状晶体在电场的控制下，可形成上万种排列，从而形成三基色相加的主要颜色，如图3-21所示。由于背光的透射混合，使液晶屏呈现出千变万化的颜色。这就是液晶彩电的成像原理。

图3-21　三基色相加的主要颜色

从以上可以看出，液晶彩电的成像是采用点成像的，因此构成液晶屏的点数越多，成像效果就越精细，分辨率也就越高；反过来，分辨率越高，液晶屏纵横的点数就越多。

目前，液晶显示技术主要有三类：TN（Twisted Nematic，扭曲向列）、STN（Super TN，超扭曲向列）、TFT（Thin Film Transistor，薄膜晶体管）。

TN是最基本的液晶显示技术，主要结构组成包括垂直方向与水平方向的偏光板、配向膜、液晶材料及导电玻璃基板。TN的显示原理是将液晶材料置于两片透明的导电玻璃基板之间，液晶分子依配向膜的细沟槽方向依序旋转排列，在未加电时，未形成电场，光线会从偏光板顺利射入，沿液晶分子的旋转行进方向穿过，从另一侧射出；在加电后，两片导电玻璃基板之间会形成电场，使液晶分子扭转，进而遮住部分光源，影响光线穿过，从而形成明暗效果，产生层次丰富的图像。

STN的显示原理与TN类似，所不同的是，TN是将入射光旋转90°后射入液晶分子，而

STN 是将入射光旋转 180°~270°后射入液晶分子。这一差异会导致光线的干涉现象，多出一些中间色，使 STN 多一些淡绿色、浅橘色等色彩。另外，STN 的液晶屏增加了色彩滤光片（color filter），能将任何一个像素（pixel）分成三个子像素（sub-pixel），并还原成红、绿、蓝三原色，再将三原色进行色彩调和，从而形成更加丰富的全模式色彩，如图 3-22 所示。

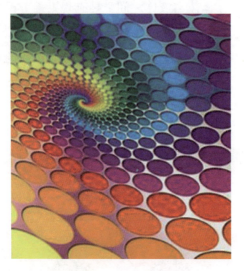

图 3-22　丰富多彩的全模式色彩

TFT 的显示原理与前二者均不同。它是将液晶上部夹层电极改为具有介电润湿效应的液态场效应管，将液晶下部夹层电极改为共同电极，利用荧光灯管投射出光线，通过增加的偏光板射入液晶。偏光板可以改变穿过液晶的光线角度，改变加在液态场效应管的电压值，控制透射光线的强度和色彩，形成不同深浅的色彩组合。TFT 的结构组成主要包括荧光管、导光板、偏光板、滤光板、玻璃基板、配向膜、液晶材料、薄膜式液态场效应管等。相对 TN 和 STN，TFT 液晶屏的色彩更加丰富多彩。

目前，液晶面板模式类型主要有四种：CPA（Continuous Pinwheel Alignment，连续焰火状排列）、P-MVA（Premium Multi-domain Vertical Alignment，改良多象限垂直配向排列）、S-PVA（Super Patterned Vertical Alignment，超级图像垂直取向排列）及 IPS（In-Plane Switching，平面转换排列）。IPS 又分为 E-IPS（增强型 IPS，见图 3-23）、S-IPS（经济版 H-IPS，见图 3-24）及 H-IPS（高端 IPS，见图 3-25）。

前三种液晶面板均属于 VA 面板，即采用垂直配向技术的面板。其特点是在常态下，液晶分子的长轴垂直于面板方向平行排列。最后一种液晶面板属于 IPS 面板，又称硬屏，是平面转换配向技术的面板。其特点是液晶电极都在同一个面上，采用立体排列。

第 3 章 互联网+APP 维修必备知识

图 3-23 E-IPS 像素结构实物图

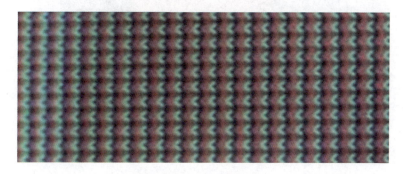

图 3-24 S-IPS 像素结构实物图

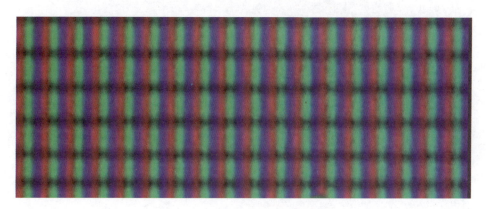

图 3-25 H-IPS 像素结构实物图

随着液晶彩电技术的发展，现在可采用液晶拼接技术实现超大电视墙，液晶与液晶之间采用物理拼接，拼缝可做到小于几毫米，能拼接出 4K 无缝图像的超大液晶电视墙，如图 3-26 所示，既可小屏显示，还可整屏显示，能够自由转换。也就是说，液晶拼接单元既能单独作为显示器,又可以拼接成超大屏幕,根据不同的使用需求,实现可变大也可变小的百变大屏。

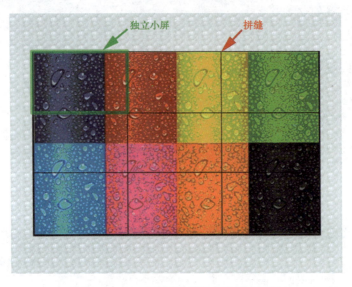

图 3-26　4K 无缝图像的超大液晶电视墙

第 4 章

互联网+APP 维修方法秘诀

4.1 上门维修方法

上门维修液晶彩电的方法与坐店维修基本类似,所不同的是在上门维修时,由于场地与条件的限制对维修人员的要求更高,很多维修人员一直从事坐店维修,很多自由维修人以前没有接触过很多机型,因此造成通过 APP 上门维修时经验不足。

在上门维修之前,维修人员应先准备好各种维修工具、备件、保修记录单、收据、收费标准、留言条及上岗证等,特别注意要带上垫布,以免弄脏客户的物品,不要漏带工具或备件,切记在出发前要将上门工具包自检一遍。

上门维修与坐店维修有比较大的区别,操作的每一步都要小心仔细,不能受客户的干扰,不能手忙脚乱,应根据故障现象,先简单后复杂,按平时维修的方法进行操作。

互联网+APP 上门维修液晶彩电的方法如下。

1. 感观法

感观法包括问、看、听、闻、摸等。

(1) 问

问是指维修人员在接修液晶彩电时,要仔细询问有关情况,如故障现象、故障发生的时间等,尽可能多地了解与故障有关的情况。

(2) 看

看是指维修人员在上门维修液晶彩电时，在拆开机壳后，要仔细观察内部的各个部件。此方法是应用最广泛，且最有效的故障诊断方法。

(3) 听

听是指仔细听液晶彩电在工作时的声音，在正常情况下，液晶彩电应无声音，若有不正常的声音，则通常是变压器等电感性元器件故障。

(4) 闻

闻是指液晶彩电在通电时，机内是否有气味，若有烧焦的特殊气味，并伴有冒烟现象，则通常为电源短路，此时需断开电源，拆开彩电进行检修。

(5) 摸

摸是指用手触摸元器件表面，如图 4-1 所示，根据温度的高、低判断故障部位。元器件在正常工作时，应有合适的工作温度，若温度过高、过低，则意味着存在故障。

图 4-1　用手触摸元器件的表面

2. 经验法

经验法是凭维修人员的基本素质和丰富经验，快速准确地对液晶彩电的故障部位做出诊断。

3. 代换法

代换法是在液晶彩电维修中十分重要的维修方法，根据代换元器件的不同，又可分为元器件代换法和模块代换法。

(1) 元器件代换法

元器件代换法是采用同规格、功能良好的元器件替换怀疑有故障的元器件，若替换后，故障现象消除，则表明被替换的元器件已损坏。

（2）模块代换法

模块代换法是采用功能、规格相同或类似的电路板进行整体代换，排除故障彻底，在上门维修中经常用到，通常用通用板代换原机板，如液晶彩电开关电源通用模块（见图4-2）可以局部代换原机的开关电源。

图4-2　液晶彩电开关电源通用模块

4. 测试法

上门维修液晶彩电通常使用信号波形测试法或电流测试法、电压测试法、电阻测试法，通过测量结果判断故障点，适用范围较广。

（1）信号波形测试法

信号波形测试法是用手持示波器（见图4-3）对液晶彩电中的信号波形进行检测，并通过对波形的分析来判断故障的一种方法。在测试波形时，需要测试幅度和波形的周期，以便准确判断故障的范围。信号波形测试法的技术难度相对较大，要求维修人员使用示波器，并熟悉各种信号的标准波形，能够根据实际波形与标准波形的差别分析故障。

图4-3 手持示波器

（2）电流测试法

电流测试法是用万用表检测电源电路的负载电流。其目的是为了检查、判断负载是否存在短路、漏电及开路故障，同时也可判断故障在负载还是在电源。

（3）电压测试法

电压测试法是检查、判断液晶彩电故障时应用最多的方法之一，通过万用表测量电路主要端点和元器件的电压，并与正常值对比分析，即可判断故障。测量所用万用表的内阻越高，测得的数据就越准确。

> 上门检测时应注意：按所测电压性质的不同，电压分为静态电压、动态电压。静态电压是液晶彩电在不接收信号条件下的工作电压，包括电源电路的整流和稳压输出电压、各级电路的供电电压等。动态电压是液晶彩电在接收信号条件下的工作电压，常用来检查判断采用测量静态电压不能或难以判断的故障。判断故障时，维修人员可结合两种电压进行综合分析。

（4）电阻测试法

电阻测试法是利用万用表的欧姆挡，测量电路中可疑点、可疑元器件及芯片各引脚的对地阻值，将测得数据与正常值比较，可以迅速判断元器件是否损坏、变质，是否存在开路、短路，是否有晶体管被击穿短路等情况。

> 电阻测试法又分"在线"电阻测试法和"脱焊"电阻测试法。"在线"电阻测试法是直接测量液晶彩电电路中的元器件或某部分电路的电阻值；"脱焊"电阻测试法是将元器件从电路上整个拆下或仅脱焊相关的引脚，使测量数值不受电路的影响。

使用"在线"电阻测量法时，由于被测元器件的大部分要受到与其并联元器件或电路的影响，因此万用表显示的数值并不是被测元器件的实际阻值，使测量的正确性受到影响。

与被测元器件并联的等效阻值越小,测量误差就越大。

5. 拆除法

在维修液晶彩电时,拆除法也是一种常用的维修方法,适用于某些滤波电容器、旁路电容器、保护二极管及补偿电阻等元器件被击穿后的应急维修。

6. 人工干预法

人工干预法主要是在液晶彩电出现软故障时而采取的加热、冷却、振动及干扰方法,可使故障尽快暴露出来。

(1) 加热法

加热法适用于在加电后较长时间(1~2h)才产生故障或故障随季节变化的液晶彩电。其优点为明显缩短维修时间,可迅速排除故障。常用电吹风和电烙铁对所怀疑的元器件进行加热,迫使其迅速升温,若随之出现故障,便可判断该元器件热稳定性不良。由于电吹风吹出的热风面积较大,通常用于对大范围的电路进行加热,若加热具体的元器件,则采用电烙铁,如图4-4所示。

图4-4 采用电烙铁加热具体的元器件

(2) 冷却法

冷却法通常将酒精棉球敷贴在被怀疑的元器件外壳上(见图4-5),迫使其散热降温,若故障随之消除或减轻,便可断定该元器件的散热失效。

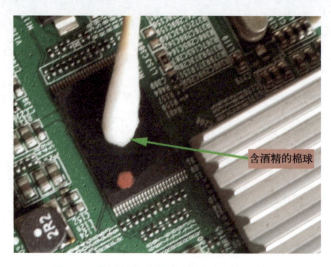

图 4-5　将酒精棉球敷贴在被怀疑的元器件上

(3) 振动法

振动法是检查虚焊、脱焊等软故障的最有效方法之一。通过直观检测后，若怀疑某电路有接触不良的故障时，即可采用振动或拍打的方法来检查，使用螺钉旋具的手柄敲击电路或用手按压电路板、搬动被怀疑的元器件，便可发现虚焊、脱焊及印制电路板断裂、接插件接触不良等故障的位置。按压后，若发现故障有变化，则用热风枪加热按压部位的元器件（见图4-6），使虚焊点重新熔焊好。

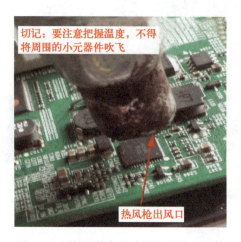

图 4-6　用热风枪加热虚焊部位的元器件

4.2 上门检修思路

1. 根据客户描述的上门检修思路（见图4-7）

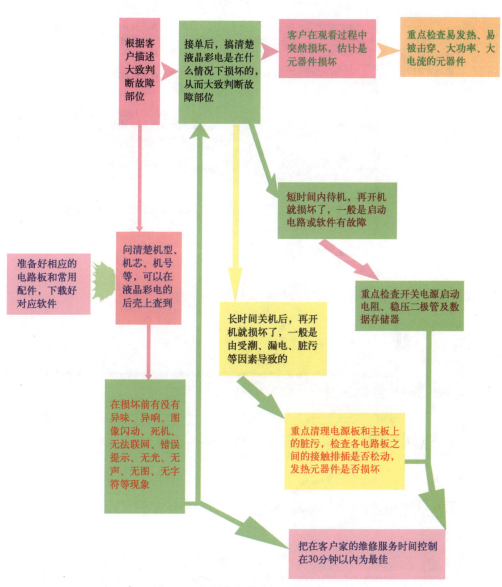

图4-7 根据客户描述的上门检修思路

2. 根据故障现象的上门检修思路（见图4-8）

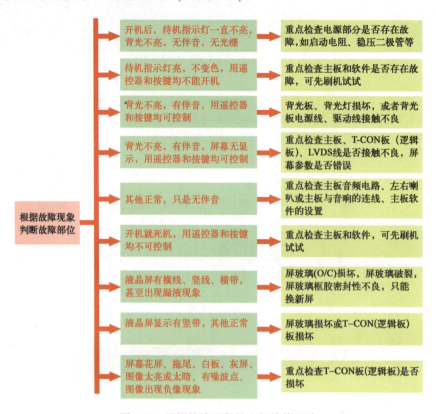

图4-8　根据故障现象的上门检修思路

3. 液晶彩电电源板损坏的上门检修思路（见图4-9）

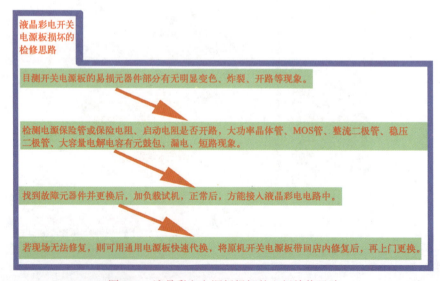

图4-9　液晶彩电电源板损坏的上门检修思路

4. 液晶彩电主板损坏的上门检修思路（见图 4-10）

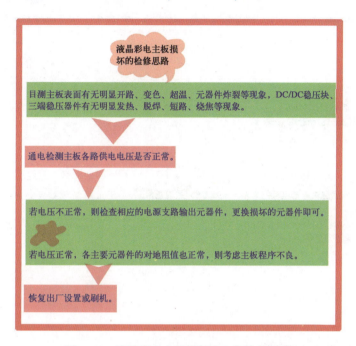

图 4-10　液晶彩电主板损坏的上门检修思路

5. 液晶彩电背光板和灯条损坏的上门检修思路（见图 4-11）

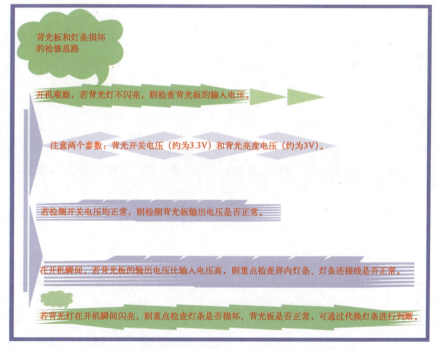

图 4-11　液晶彩电背光板和灯条损坏的上门检修思路

6. 液晶彩电逻辑板损坏的上门检修思路（见图4-12）

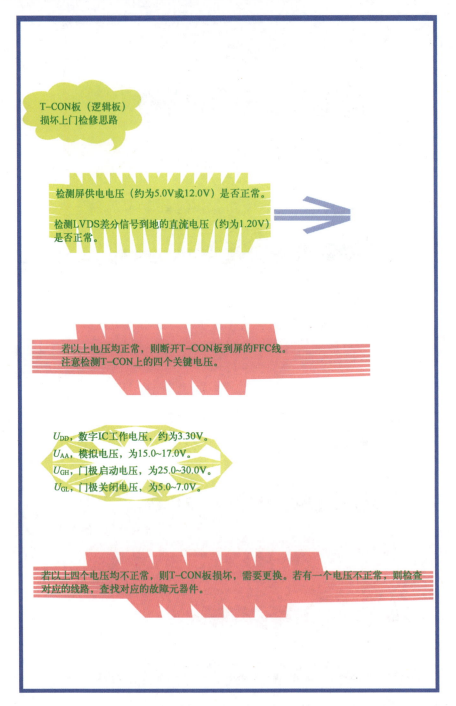

图4-12 液晶彩电逻辑板损坏的上门检修思路

7. 液晶彩电软件故障的上门检修思路（见图4-13）

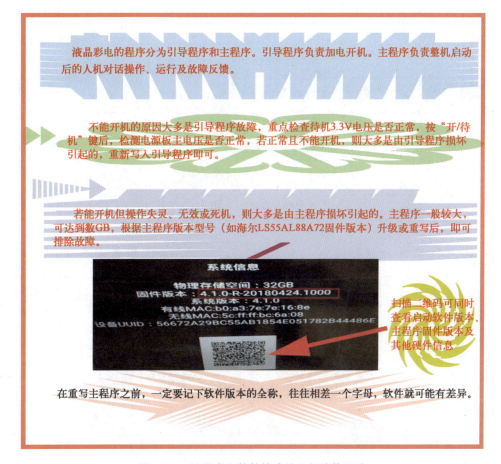

图4-13　液晶彩电软件故障的上门检修思路

> 液晶彩电的主程序又称固件。主程序版本就是固件版本。

4.3　上门维修秘诀

与坐店维修不同，上门维修液晶彩电讲究的是又快又好，以便形成良好的口碑。表4-1为常用的上门维修秘诀。

表 4-1 常用的上门维修秘诀

故障现象	故障部位	上门维修秘诀
TCL 37M61B（MS88 机芯）型液晶彩电，开机十几分钟后，屏幕上出现水平横向干扰，严重时会出现垂直竖彩带	主板上的 3.3V 滤波电容失容	更换散热片旁边的 100μF/16V 电容
TCL L32F1500-3D（MS28L 机芯）型液晶彩电，不定时自动关机	复位电路电容 C606 损坏	更换 C606
TCL L40F3320-3D（MS28E 机芯）型液晶彩电，不能开机、死机	测量 U107 对地阻值异常	直接代换主芯片（MSD6I98）
TCL L42F2590E（MS600 机芯）型液晶彩电，三无	电源板（型号 SHG3904B-101）上的电容 C8（222/1kV）短路造成 U4⑥脚 3.3V 输入电压偏低	更换电容 C8
TCL L42V10（MS58 机芯）型液晶彩电，不定时花屏或自动停机	主 IC（U212）存在虚焊	补焊 U212
TCL L46E5300D（MS801 机芯）型液晶彩电，不能开机，指示灯亮	电源板上的 U201（VIPER17L）外围 18V 稳压管 D205 不良，造成电源板无 3.3V 电压	更换 D205
TCL L52M71F（MS89 机芯）型液晶彩电，无声音	伴音功率放大器（TPA3008D2）损坏	更换伴音功率放大器（TPA3008D2）
长虹 32～42 英寸液晶彩电，部分台蓝屏，部分台不清楚，只有少数台正常，开机 10 多分钟后，全部正常	长虹一体化高频头性能不良（通病）	更换一体化高频头内的全部电解电容
长虹 710 系列液晶彩电，伴音时大时小，时有时无，遥控不可调或调节功能乱	遥控接收板上的 D6、D8 漏电，造成总线电压下降	更换 D6、D8
长虹 LM24 机芯液晶彩电，出现花屏故障	主板输出 LVDS 信号的速率、时钟时序及行/场同步信号有故障	检修主板
长虹 LT32630X、ITV32650X（二合一电源板型号为 FSP140-3PS02）型液晶彩电，不能开机，指示灯亮（电源电压为 5V、12V、24V，正常）	高压电容 C420 被击穿（通病）	更换 C420
长虹 LT32720（LM24 机芯）型液晶彩电，AV1、AV2 图像上有斜纹干扰	U34（MT8222）的⑧脚外接电阻 R50 开路	更换 R50
长虹 LT32720（LM24 机芯）型液晶彩电，TV 图像效果差	电容 C15 不良	更换 C15
长虹 LT32720（LM24 机芯）型液晶彩电，指示灯亮，二次开机时指示灯闪烁，不能开机	DDR 存储器虚焊	补焊 DDR 存储器
长虹 LT32810U 型液晶彩电，收不到台	高频调谐器总线电路 QF1 的③脚到㊾脚过孔不通	用导线接通
长虹 LT40720F 型液晶彩电，开机出现乐教画面后马上重启	用户存储器数据出错	更换用户存储器 U14（24LC32）
长虹 LT52720F 型液晶彩电，出现红绿指示灯交替闪烁，不能二次开机	DDR 存储器（UD1）不良	更换 DDR 存储器
创维 42E360E（8S16 机芯）型液晶彩电，所有通道都无伴音	主芯片有问题	更换主芯片

续表

故障现象	故障部位	上门维修秘诀
创维 47E680F（8K55 机芯）型液晶彩电，自动开、关机	AVDD1V2 滤波电容 CE12（100μF/6.3V）损坏	更换 CE12
创维 47E760F（8S06 机芯）型液晶彩电，无声音	功率放大器 U42（TSA5711）损坏	更换 U42
创维 50E510E（8S51 机芯）型液晶彩电，不定时自动关机	16V 稳压管 ZD300、ZD301 不良	更换 ZD300、ZD301 稳压管
创维 55E680F（8K55 机芯）型液晶彩电，不能开机	SD 卡、U13 短路都会造成不能开机	检测 SD 卡，更换 U13
创维 55K1T（8A13 机芯）型液晶彩电，用遥控器开机时红灯变为蓝灯，瞬间又变为红灯，不能开机	电源板上的启动电阻 R42、R21、R22、R23 虚焊	重焊 R42、R21、R22、R23
创维 8TTJ/8TT0/8TTX 等系列液晶彩电，主板老化后，不定时不能开机、热机死机、搜台死机	FLASHW79E632 程序损坏	先重写 FLASHW79E632，若不能排除故障，则检测 24C32、MST5151、晶振、排阻 RN41、RN42、RN43、RN44R 是否损坏，若损坏，则更换损坏元器件
海尔 L32F1 型液晶彩电，开机后，屏幕显示 2s 便回到待机状态，用遥控器或按键再次开机，屏幕显示正常，但在短时间后又回到待机状态	在开关电源管吸收回路中，与二极管 D13 并联的电容 C35 失容	更换电容 C35
海尔 L40R1（屏型号 T400HW02 V2）型液晶彩电，开机有伴音，背光亮，无字符，无图像	U202（AS15-F）伽马电压异常	更换 U202
海尔 L42G1（RTD2674 机芯）型液晶彩电，有噪声	主芯片 RTD2674S 损坏	更换主芯片 RTD2674S
海尔 L47A18-AK 型液晶彩电，自动跳台，音量自动加或减，自动开机	触摸按键前压克力条粘贴不牢翘起，使装饰条内的金属层与触摸按键产生感应	分别在"P-P+"和"V-V+"之间、"V-V+"和"TV/AV"之间、"TV/AV"和"MENU"之间增加双面胶
海信 LED32K10 型液晶彩电，白屏	N30（MAX17126）不良	更换 N30（MAX17126）
海信 TLM2019 型液晶彩电，伴音异常，时有时无	外置供电 12V 电压滤波电容失容，造成 12V 电压偏低	更换为优质耐高温的滤波电容
海信 TLM26V68 型液晶彩电，开机有光栅，但立即自动关机，如此反复	主芯片 U6 供电纹波过大	在 U1 与 CA4 之间并联一个 100μF/16V 电容。当 TLM26V68（1）、TLM26V68X（1）、MST721DU 机芯的液晶彩电出现类似故障时，均可参考此秘诀
海信 TLM32V66A 型液晶彩电（主板型号为 RSAG7.820.1923），不能开机	主板上的 N6（AMS1117-ADJ）失效	更换 N6（AMS1117-ADJ）
海信 TLM40V68PK、TLM42V67PK、TLM42V68PK、TLM42V68PKA 等型系列液晶彩电（MST6M68FQ 机芯），按键失灵，不定时出现菜单，待机后，用遥控器不能开机，自动开、关机	防静电的压敏电阻失效（在正常情况下，压敏电阻的阻值应为兆欧级，实测压敏电阻的阻值变为几 kΩ 到 10kΩ，将信号传输通道的电压拉低）	更换同型号的压敏电阻
海信 TLM4236P 型液晶彩电，花屏	过孔不通，CPU 和闪存旁边的排组脱焊	连线，补焊

续表

故障现象	故障部位	上门维修秘诀
海信 TLM47E29 型液晶彩电，花屏、白屏；开机指示灯亮，显示屏不亮或一亮即灭；开机指示灯亮，有光栅、无图、无声	LVDS 线与液晶屏的连接处松脱；重点检查灯管和高压板；大多是冬天因使用者在触摸按键时，人体静电损坏了解码板	重新连接紧固；先用一个好的单灯驱动板排除灯管故障，若为独立的高压板，则可直接更换高压板，若为电源高压一体板，应重点检查板上的供电保险管、二极管和三极管，通过静态检测即可找到故障元器件；更换解码板或重写 EEPROM 数据。特别提示：液晶彩电的按键均有放电脚，即有 5 个引脚，有些维修人员在更换时换成了 4 个引脚的按键，更容易损坏解码板
康佳 LED42IS95D（奇美屏 V420H2－LS1）型液晶彩电，开、关机声音正常，背光不亮	在升压电路的 6.5V 供电电路中，L2 一边假焊	重焊 L2
康佳 LED46IS95D（3BOM、MSD6I981 平台）型液晶彩电，不能开机	主芯片 N501 工作温度较高，采用 BGA 封装，比较容易假焊	重焊 N501
康佳 LED46IS95D（MSD6I981 机芯）型液晶彩电，开机后黑屏，声音正常，背光亮，无显示	N501（MSD6I981）假焊	补焊 N501
清华同方液晶彩电，伴音正常，开机一个小时后出现马赛克现象	数字板过孔不通或 IC 脱焊	连线或重焊
清华同方液晶彩电，开机电源指示灯闪烁，但不能开机	CPU 总线异常或 BIOS 内部开机程序损坏，重点检测总线电压和开机程序	检测总线下拉电阻，排除总线故障后，重写 BIOS 开机程序
清华同方液晶彩电，时不时出现黑带和亮线故障	长时间工作后，机内温度过高，引起 COF 模组 IC 脱焊，或者使用环境油烟过大，引起接插件表面金属氧化，导致接触不良	重焊 COF 模组 IC，更换接触不良的接插件
三星 LA46S81B 液晶彩电，指示灯亮，按遥控开机能听见继电器的工作声，但不能开机，需要通电预热几分钟到十几分钟后，才可以自动启动并正常工作，关机后重启，又出现同样的故障	高压电源一体板（板号为 1P－301135A 1P-46STDCCF-LREV1.1）上的主输出 5.4V 滤波电容 CM852 和 CM853（2200μF/10V）电容鼓包变质	更换电容 CM852、CM853
索尼 KDL-40W5500 型液晶彩电，红灯变绿，不能开机，稍后绿灯变红灯	逻辑板 12V 供电异常	更换逻辑板（型号为 4046NN-MB4C4LV0.1）
夏普 LCD－32/AK7、LCD－27BX6/37AX5/37BX5/46BK7、32BK7/AX5/BX5/BX6 46GH1/52GH 系列型号的液晶彩电，在使用三四年以后，出现自动关机、自动开机、自动黑屏故障	按键开关有问题	更换面板上的按键开关
不定期出现功能错乱、无伴音、不能上网等故障	软件故障	重新恢复出厂设置或刷机
在观看过程中偶尔出现花屏现象	LVDS 线、接口接触不良	用橡皮擦清理 LVDS 金手指后，重新插入 LVDS 线，或者更换 LVDS 线

续表

故障现象	故障部位	上门维修秘诀
液晶彩电开机，背光灯闪一下即灭	背光振荡电路异常引起保护	检查背光振荡电路上、下偏置电阻，将下偏置电阻的阻值换成原来的一半试试
液晶彩电有时能开机，有时不能开机，或者刚开机一亮即灭，或者工作时图像出现轻微的忽明忽暗	重点检查滤波电容，特别是旁边有发热元器件的滤波电容	更换故障滤波电容

4.4 液晶彩电的升级方法

不同品牌液晶彩电的软件升级方法不同，以海尔 LED 智能彩电为例，开机后，按【菜单】键进入【系统】菜单（见图 4-14），进入【关于电视】界面（见图 4-15），进入【系统升级】界面（见图 4-16），点【下一步】即可进行液晶彩电的软件升级。

图 4-14 【系统】菜单

图 4-15 【关于电视】界面

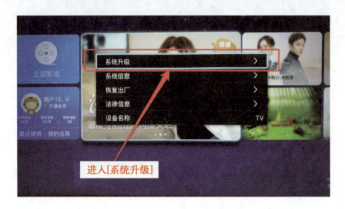

图4-16　进入【系统升级】界面

若系统升级失败，则采用强制升级，方法为：将升级文件名重命名为install.img；将install.img放至U盘的根目录下；插上U盘，按住彩电上的【菜单】键不放；交流开机，按住【菜单】键10s左右后松开，即可进入自动升级程序。

液晶彩电的软件升级方法通常分为两种：一种是采用USB升级，在彩电的USB接口上插入U盘（在U盘中拷入升级文件；注意：必须是U盘，格式必须为FAT32；在升级过程中不能断电、拔U盘，否则会死机）；另一种是采用专用的升级小板升级程序。

目前，液晶彩电大多采用USB升级，从专业或厂家官网上下载对应型号液晶彩电的升级文件，并重新命名为install.img或install.bin，按相应的键或进入液晶彩电的工厂模式（不同液晶彩电进入工厂模式的方法不同）读取USB中的升级文件进行升级。

海尔RTD2644D机芯液晶彩电进入工厂模式进行软件升级的方法如下：

（1）下载液晶彩电的软件升级文件后，解压并重命名为install.img，先将U盘格式化为FAT32格式，再将软件升级文件复制到U盘的根目录下；

（2）先按遥控器上的【菜单】键进入主页菜单，再依次按遥控器上的【8】【8】【9】【3】键即可进入工厂模式，如图4-17所示；

图4-17　工厂模式

（3）按遥控器上的【上】【下】键选择 RTD2644D DOWNLOAD 后，再按遥控器上的【右】键进入子菜单，按【确定】键进入【USB 升级】界面，如图 4-18 所示，按【确定】键即可进行升级。

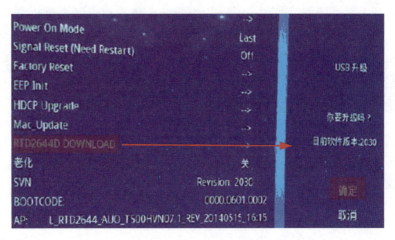

图 4-18 【USB 升级】界面

4.5 通用板换板修机

4.5.1 液晶彩电开关电源局部换板修机

大部分的液晶彩电都采用开关电源供电。开关电源的故障率较高，对于初学者来说，维修时会有一定的难度，特别是互联网+APP 上门维修。为了加快维修速度，一旦确定液晶彩电的开关电源损坏（开关变压器、+300V 供电及开关变压器的次级整流、滤波电路和续流二极管均无异常），就可采用开关电源通用板进行代换，接线简单，性能稳定。

1. 开关电源的检查

（1）检查开关电源的+300V 供电是否正常，开关变压器的次级整流、滤波电路是否正常，负载有无短路现象。若为串联型开关电源，则还要检查续流二极管是否损坏。若上述电路或元器件存在故障，则不能代换通用板，先修复故障后，才能代换。

（2）判断开关电源是串联型开关电源还是并联型开关电源。串联型开关电源的+300V

电压经开关变压器绕组、开关管直接输出110V，属热底机芯，体积较小；并联型开关电源的开关变压器初级、振荡电路、开关管等与开关变压器的次级电压输出部分隔离，属冷底机芯，家用电器大多采用此类开关电源。

（3）检查开关电源是采用散件还是采用厚膜块，重点检查开关变压器的初级主绕组（开关管C极所接绕组）是连接独立开关管还是连接厚膜块的某引脚，务必查清厚膜块内部开关管C极所接引脚。

2. 串联型开关电源的代换

（1）应选用串联型开关电源模块进行代换，此类模块不多，可选用串、并联通用型开关电源模块进行代换。图4-19为三线串、并联通用型开关电源模块（V3）。此模块只有红、黑、蓝三根线，可接入老式液晶彩电，新式超薄液晶彩电的空间有限，接入不太方便。

图4-19　三线串、并联通用型开关电源模块（V3）

（2）拆下已损坏的电源开关管或厚膜块后，按如图4-20所示进行连接，将代换模块固定在开关管的散热片上，红线连接开关变压器的初级线圈；黑线连接开关变压器的次级线圈；蓝线连接光电耦合器的C极。

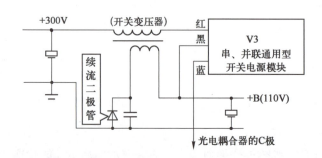

图4-20　串、并联通用型开关电源模块的连接

3. 并联型开关电源的代换

以 TKM-3B 型并联型开关电源模块为例，该模块适用于并联型开关电源的机型，只需要原机的整流滤波电路和开关变压器良好即可。该模块有 5 根外接线，颜色分别为红、黑、黄、蓝、灰。其中，灰色为开、关机的控制线，如原开关电源是由继电器或手动控制开、关的，则该线可不接入，如图 4-21 所示。

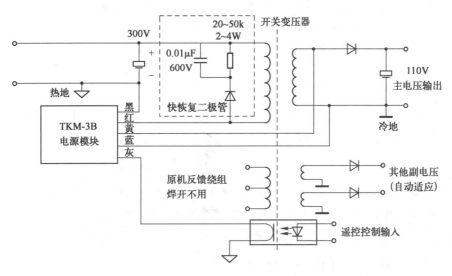

图 4-21 并联型开关电源模块的连接

大多数的新式液晶彩电都选用专用的超薄四线开关电源代换模块，如图 4-22 所示，一般连接图中的红、黑、绿、灰四线即可。

图 4-22 四线开关电源代换模块

四线开关电源代换模块接线图如图 4-23 所示。

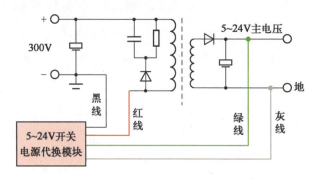

图 4-23　四线开关电源代换模块接线图

在原机的 +300V 电压、开关变压器、吸收回路、整流滤波电路均正常，且负载无短路的情况下，拆除原机的开关管和厚膜块（不拆也可以，用刀片断开电路板上的铜箔线即可），将代换模块的红线接在原机与开关管 C 极或 D 极的连接处，黑线直接接在 300V 滤波电容的负极地线上（热地，应直接接地，若中间有电阻，则去掉）。绿线和灰线分别接在次级主电压滤波电容的两端；绿线接在正端；灰线接在负端（冷地端）。

接好连线后，调节代换模块上的可调电阻，使 +5V 电压输出正常，其他电压会自动匹配。若出现开关电源不启动的现象，则可在主电源的输出端并联一个 220Ω/5W 的电阻作为假负载，开关电源即可启动。

4. 代换注意事项

（1）有些开关电源的开关管 C 极与 +300V 之间有反峰电压吸收回路，在代换前应检查该回路是否完好。图 4-24 为 R、C 反峰电压吸收回路。若并联型开关电源没有反峰电压吸收回路，则应加装，以保证开关电源能够长期稳定地工作。串联型开关电源可不加装反峰电压吸收回路。若 +300V 电压低于 250V，则必须更换滤波电容。若滤波电容正常，但鼓包了，也必须更换。

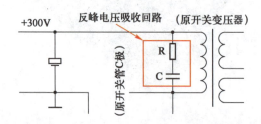

图 4-24　R、C 反峰电压吸收回路

(2) 代换模块应安装在散热片上,各连线应尽量短,以免产生干扰和啸叫等现象。

(3) 如果光电耦合器的输入端有稳压电路,则应拆掉,只保留 CPU 的控制电路;如果有两个光电耦合器,则可拆掉一个,只保留 CPU 控制电路中的光电耦合器。

(4) 代换模块电压是可调的,可以通过代换模块上的电位器进行调整,接上假负载,使主电压和原机主电压相同,其他各组电压自动匹配。

(5) 如果原机开关电源有多个光电耦合器,分别用于关机、稳压或保护,则只保留起关机作用的光电耦合器。也可将多个光电耦合器的 c、e 极并联起来连接蓝(或灰)、黑线,达到多重保护的目的。

(6) 蓝线为遥控关机多功能控制线。如果原机是利用光电耦合器的导通来降低主电压进行遥控关机的,则可在蓝线与光电耦合器的 c 极之间串入一个 680Ω 左右的电阻实现降压关机。

(7) 代换开关电源后,若出现不能启动或输出电压过低的现象,则首先断开蓝线试机(断开降压关机型开关电源的蓝线时,要挑开为 CPU 供电的整流二极管,如 STR6309 开关电源)。若能够启动且输出电压正常,则检查光电耦合器的控制电路。若不能够正常启动,则说明前面的电路元器件存在隐性故障,应重新检查是否存在软故障。

(8) 代换开关电源后,若出现啸叫、干扰、过热的现象,则应重点检查与主电压整流二极管并联的瓷片电容容量是否过大、吸收回路是否不良、引线干扰是否过大。

(9) 如果连接假负载时工作正常,拆除假负载后不工作,则可在 +B 输出端与负极之间并联一个 5~10kΩ(3~5W)的电阻。

(10) 不同的代换模块有不同的应用范围,购买时应看清楚。某些机型的开关变压器与代换模块不匹配,会出现输出电压达不到要求、啸叫严重的现象,此时不宜进行模块代换。

(11) 代换后,若发现电压抖动,则检查绿线与灰线是否接反。若不接负载电压正常,接负载电压变低,则检查负载滤波电容。

(12) 在代换通用模块时,一定要注意通用模块的适用范围,通用模块一般适合 14~60 英寸的液晶彩电。

5. 代换模块的故障检修

开关电源代换模块故障的检修方法见表 4-2。

表 4-2　开关电源代换模块故障的检修方法

故障现象	检测点	检测情况	检修方法
无电压输出	检测红线电压（300V）	无 300V 电压	检测交流电源→限流电阻→整流滤波电路
		有 300V 电压	检测变压器次级各整流管→排除短路点
有电压，但异常	检测光电耦合器	不良	更换光电耦合器→检测光电耦合器的控制端有无稳压三极管，若有，则拆掉→检测光电耦合器到 CPU 之间的电路

4.5.2　液晶彩电开关电源整板换板修机

液晶彩电的电源板有两种：一种是独立的电源板；另一种是电源背光一体板。在互联网+APP 上门维修时，当电源板的故障范围较大，损坏的元器件较多（如雷击）时，可采用整板代换修复的方法。

在整板代换时，首先要确定液晶彩电的尺寸、开关电源的功率、输入电压（一般为 90~260V 宽电源交流输入）、输出直流电压和直流电流（一般为直流 5V/3A、12V/4A、24V/8A）、PS/ON 是高电平还是低电平（PS/ON 控制 12V 和 24V 电压的输出）、是独立电源板还是电源背光一体板、12V 和 24V 电源是否受控、接口形状是否一致（若接口形状不一致，则将原接口改为新配接口）、电源板尺寸和形状（有些超薄液晶彩电装不下过厚过大的电源板）及适用的品牌等，再查找匹配的原机电源板（特别注意电源板的型号，图 4-25 为创维 40/42/E510E 电源板，型号为 L3N011）或通用电源板。

图 4-25　创维 40/42/E510E 电源板，型号为 L3N011

使用通用独立电源板（见图 4-26）换板维修时，首先要考虑通用独立电源板的形状和尺寸、适用液晶彩电的面板尺寸和功率、输入电压、（一般为交流 90~260V）、输出电压（一般为直流 5V3A、12V4A、24V8A）、功率（一般为 130~200W）、是否 PS/ON 受控（PS/ON 为高电平受控还是低电平受控，受控时有 12V、24V 电压输出；反之，则无输出）、是否支持遥控待机、是 5V 待机还是 12V 待机等。目前，为了适应不用液晶彩电的不同接口，通用独立电源板采用多接口输出（2 针、4 针、7 针、8 针、10 针、13 针插口），快捷方便，特别适合互联网+APP 上门维修。

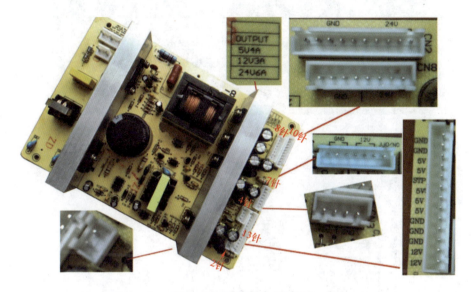

图 4-26　通用独立电源板

因为大多数液晶彩电都采用电源背光一体板，所以通用电源背光一体板（见图 4-27）的品种更多，代换更方便，在代换时，除了注意电源板的接口，还要注意背光灯的接口（见图 4-28），如是否有 ENA（背光启动）、ADJ（背光亮度调整）、5VSB（待机 5V）及 BLON（背光开关）等接口。

> 单独测试全新通用 24V/12V/5V/5VSB 电源板的方法：将 PS/ON 短接 5VSB，并在 5V 与地之间增加一个 47Ω/2W 的电阻作为假负载，若开关电源启动工作，则表示电源板正常。

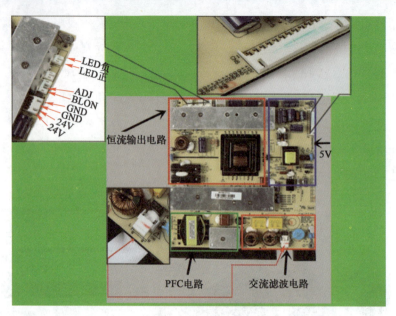

图 4-27　通用电源背光一体板

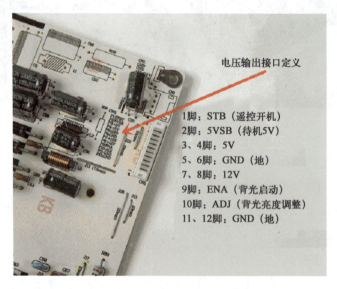

图 4-28　背光灯的接口

4.5.3　液晶彩电背光板换板修机

液晶彩电的背光板分为 LCD 背光板（俗称高压板，见图 4-29）和 LED 背光板（俗称恒流板）。LCD 背光板用在 LCD 彩电中，LED 背光板用在 LED 彩电中。LCD 彩电的背光板损坏时，可用通用的 LCD 背光板进行更换。LED 彩电的背光板损坏时，则用 LED 背光板进行更换。

图 4-29　LCD 背光板

更换 LCD 背光板时，若用原厂的 LCD 背光板，则按背光板上的板号到厂家购买后，直接更换即可。但因购买的时间较长，所以在上门维修时，大多采用 LCD 通用背光板进行更换，简单方便，一次搞定，不用多次上门。

更换 LCD 通用背光板时，要搞清楚液晶彩电是几灯的，LCD 通用背光板的功率为多少（适合多大尺寸的液晶彩电）、供电电压为多少（适用的供电电压）、是大口的还是小口的、有没有 ADJ（背光调节）、有没有 ENA（背光开关）等，只要这些参数均吻合，就能用 LCD 通用背光板进行更换。若液晶彩电是多灯的，而 LCD 通用背光板不能带更多的灯管时，可采用多个 LCD 通用背光板，分组接入液晶彩电的灯管组。如果插口不能对接或针脚线序不对，则可改换插口针脚，如图 4-30 所示。

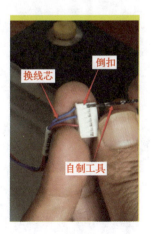

图 4-30　改换插口针脚

扫码看改换插口针脚微视频 4-1

更换 LED 通用背光板的关键参数是恒流电流，恒流电流一般为 200mA。这个参数必须一致，其他参数在规定的范围内即可，如适用多大尺寸的液晶彩电、供电电压为多少（一般为 19~45V）、输出电压为多少（一般为 55~170V）。LED 通用背光板是电压自适应的，只要输出电压在规定的范围内，则输出电流均为恒定的 200mA，无需人为干预。图 4-31 为 LED 通用背光板，当输入电压为 19~45V 时，输出电压为 55~170V，电流恒定为 200mA，只要接入灯条的电压和电流在此范围内均可使用。也就是说，LED 通用背光板使用 19V 电压供电时，输出电流为 200mA，使用 45V 电压供电时，输出电流也为 200mA，不会因输入电压不一样而输出不同的电流，从而确保 LED 通用背光板工作稳定性。

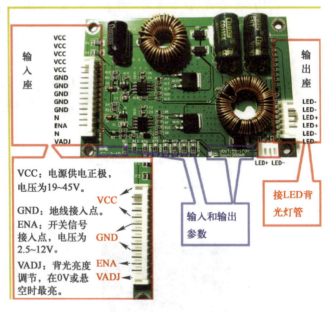

图 4-31　LED 通用背光板

（1）不同 LED 通用背光板的开关信号接入点和背光亮度调节针脚的英文不完全相同：ON/OFF、BL-ON、BLON、EN、ENA 等均为开关信号接入点；PWM、DIM、ADJ、VADJ 等均为背光亮度调节。另外，液晶屏灯条的灯线有些是 LED+、LED- 二线的，有些是 LED+、LED-、LED- 三线的。LED 通用背光板同时设计了这两类插口，使用时注意区别。

LED 通用背光板的输出电流 200mA 为默认值。对于采用多根灯线的 LED 通用背光板，输出电流就不是 200mA 了，即每增加一根灯线，就要增加 200mA 的输出电流。例如，若 LED 通用背光板是二线的，即 200mA+200mA，则可将 LED 通用背光板上一个 200mA 的焊点焊上（见图 4-32），输出电流就变成 200mA +200mA = 400mA 了；若 LED 通用背光板是三线的，即 200mA+200mA+200mA，就需要焊上两个焊点。每根灯线之间采用并联连接，分配到每根灯线上的电流还是 200mA，依此类推。

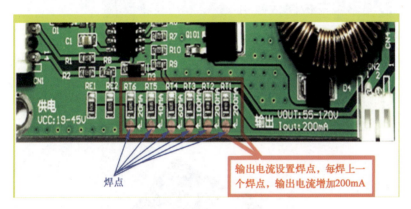

图 4-32　输出电流设置焊点

　　（2）LED 灯珠的供电电流小于 200mA 时也是能点亮的，哪怕只有 10mA 照样能点亮，只是亮度很暗。若 LED 通用背光板连接好灯条的灯线后亮度不够，则可再焊上一个或多个输出电流焊点，直到亮度正常为止。LED 灯珠是单向导通元件，在一个灯线回路中，若有一个灯条装反或灯条太长，则在维修时，在剪灯后，最后一个灯条的尾端没有被焊上（见图 4-33），LED 灯珠是不亮的。

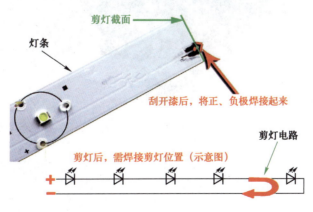

图 4-33　剪灯示意图

（3）有些LED通用背光板特意设计了输出电路局部短路时仍然可点亮其他LED灯珠，对上门维修特别有利。有些故障液晶彩电只有一两个LED灯珠被烧坏，在采用LED通用背光板代换后能点亮灯条，虽然在液晶屏上有一小点暗区，但可避免拆液晶屏换LED灯珠的麻烦。

4.5.4 液晶彩电主板换板修机

液晶彩电的主板又称控制板、信号处理板、数字板，是信号处理电路的核心部件，主要用于将输入信号转换为数字信号。当主板出现故障时，除了少数主芯片和阻容元件明显被烧坏直接进行维修，其他的主板故障大多采用换板维修。液晶彩电万能通用主板如图4-34所示。

图4-34 液晶彩电万能通用主板

1. 采用原机主板换板修机

同一系列、同一机芯、同一PCB板号液晶彩电的主板都可以互换，只是液晶屏电压有些差别，要特别注意主板输出电压与液晶屏输入电压是否一致。若不一致，则不能互换。同时要注意，主板的 LVDS 线（俗称上屏线、屏线）接口部分要与 LVDS 线的功能引脚一一对应（俗称配屏，这一点特别重要）。在更换主板后，因液晶屏的分辨率不完全一样，所以要重新烧写主板程序（与液晶屏分辨率一样的主板程序），使主板适应不同分辨率的液晶屏。

重新烧写主板程序的关键是找到液晶屏的型号（俗称配屏），知道液晶屏的型号才能确定烧写哪一个主板程序。找液晶屏型号的方法有两个：一个是在拆开液晶彩电背板后，露出液晶屏的背面，在液晶屏的背面有一张贴纸，在贴纸上可以找到型号，如图 4-35 所示；另一个是通过机型找到液晶屏的型号，再到网上搜索相应的主板程序（*.bin，液晶屏的分辨率不同，主板程序也不同），烧写主板程序后，配屏成功。

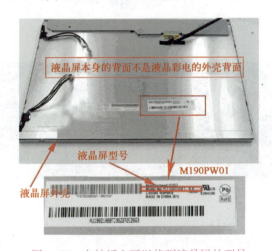

图 4-35　在帖纸上可以找到液晶屏的型号

> 烧写主板程序的方法：把要烧写的主板程序（*.bin）存储在 U 盘里，把 U 盘插到主板上，给主板通电，按键板指示灯等一会儿就会红、绿交替闪烁，闪烁就开始烧写主板程序（此时请勿断电），当指示灯快闪后，表示主板程序已烧写结束。断电，拔出 U 盘即可。

2. 采用万能板换板修机

在互联网+APP 上门维修时，采用万能板换板修机是非常方便的，配屏时，液晶屏的供电电压（一般为 3.3V、5V、12V 等，15 英寸以下液晶屏的供电电压一般为 3.3V，15～26 英寸液晶屏的供电电压一般为 5V，26 英寸以上液晶屏的供电电压一般为 12V）是通过跳帽进行调节的，改变跳帽的位置，就可调节液晶屏的供电电压，如图 4-36 所示。万能板的屏线接口采用多功能、多插脚，根据屏线针脚定义，屏线可插在不同的位置上（屏线的红色线一般对准电路板上的某个标志，如三角形）。万能板一般还带有遥控接口，只要插上遥控接收器，就能用原机遥控器进行遥控。不过，遥控接收器的三线顺序要进行调整，如图 4-37 所示。

图 4-36　通过跳帽调节液晶屏的供电电压

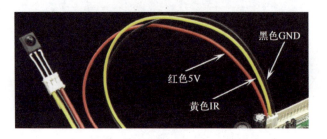

图 4-37　遥控接收器三线顺序的调整

与采用原主板换板维修类似，采用万能板换板维修后也要烧写主板程序，一般万能板的卖家会根据客户提供的液晶屏型号，事先将主板程序烧写好。若没烧写，则需要维修人员自行刷机。刷机的方法与烧写的方法类似。不同的是，刷机时，一定要先将主板断电后，再插 U 盘，在通电状态下直接插 U 盘是不会刷机的。在刷机过程中，可以通过指示灯的变化确定是否刷机完成。

> 目前，市场上有很多种类的万能板，均为免程序刷写，通过改变跳帽的方式调节输出的分辨率，使用非常方便，特别适合互联网+APP 上门维修。

有些液晶彩电在代换万能板后，液晶屏显示不完全正常，如花屏、鬼脸、颜色不对、倒装镜像屏、按键板定义不对等，此时就要进入主板的工厂模式，调节工厂模式内部的液晶屏参数，如图 4-38 所示。不同的主板进入工厂模式的方法不同，一般是按"遥控菜单"键，再按相应的数字键（1147、2580 等）即可进入工厂模式。购买万能板时应注意看使用说明书。

图 4-38　液晶屏参数的调整

采用万能板代换维修主要适合 32 英寸以下的小屏液晶彩电，大屏液晶彩电最好购买原机主板进行代换，虽然价格稍贵，但方便快捷，显示效果好。

第 5 章

互联网+APP 上门维修实战技巧

5.1 长虹液晶彩电上门维修实战技巧

? 1. 机型和故障现象：长虹 3D32A5000iV（LM38iSD 机芯）液晶彩电，不能开机

维修过程：上门后，通电检测电源板的 5VSTB 正常，无 24V 输出，判断故障在电源板上，如图 5-1 所示；取下电源板，将插座 CN2 的 PS-ON 端（10 脚）与 5VSTB 短接，检测电源板的 PFC 电压为 380V，可以排除开机控制电路有问题的可能性；检测 24V 振荡电路 IC2（L6599）12 脚（供电端）的电压正常；检测推动管 Q10 的阻值异常；经检测，故障原因为 IC2 的 11、15 激励输出脚短路。

故障处理：更换 IC2 后，故障被排除。

> **提示**：长虹 3D32A5000iV（LM38iSD 机芯）液晶彩电的电源板型号为 JC130S-4MF01。

? 2. 机型和故障现象：长虹 3D42790（LM34I 机芯）液晶彩电，不能二次开机

维修过程：上门后，首先检测待机 5VSB 正常，二次开机时无 POWER 控制电压；然后

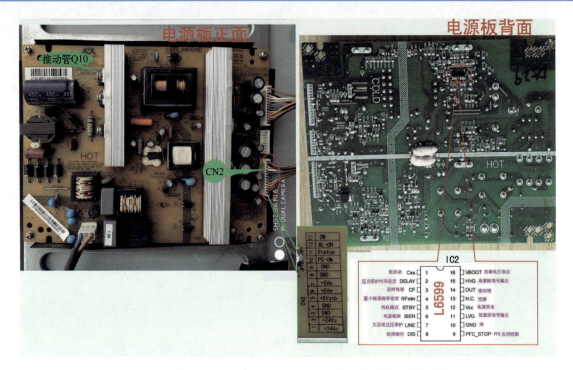

图 5-1　长虹 3D32A5000iV（LM38iSD 机芯）液晶彩电的电源板

检测按键插座 KEY1、KEY2 的 3.3V 电压，仅为 2.43V 左右，判断故障可能在由 U01、U07、U02 等组成的稳压电路中，如图 5-2 所示；经检测，故障原因为 U01（AP1117-3.3）不良。

故障处理：更换 U01 后，故障被排除。

> **提示**：长虹 3D42790（LM34I 机芯）液晶彩电的主板型号为 JUC7.820.00042375。

3. 机型和故障现象：长虹 3D42790I（LM34I 机芯）液晶彩电，通电后，指示灯一亮一灭闪烁，不能开机

维修过程：上门后，首先检测电源板的输出电压是否正常；若输出电压正常，则检测主板上的插座 CON1 的 1 脚（POWERON）是否为高电平；若 1 脚为高电平，则说明电源板已工作，且输出电压正常，应重点检测主板（见图 5-3）；检测主板的供电，发现稳压块 U06 无 1.8V 供电输出；经检测，故障原因为 HDMI 转换 IC（U15，Si19185CTU）损坏。

故障处理：更换 U15 后，故障被排除。

> **提示**：若更换 U15 后开机正常，但 HDMI 输入无图像，则重点检测 D605、D606、D607、D608 是否有问题。

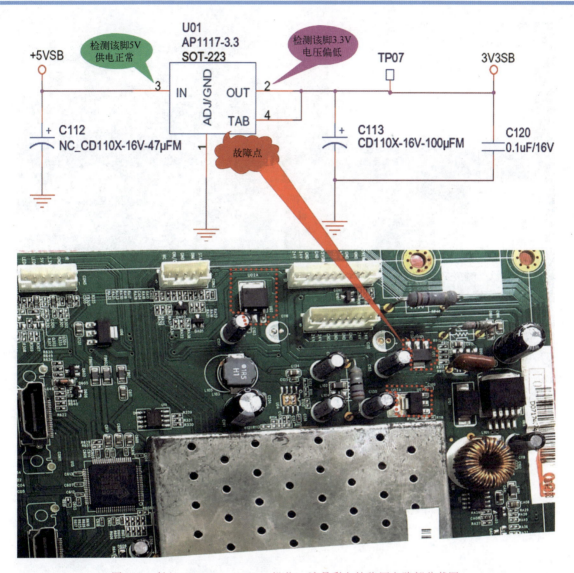

图 5-2　长虹 3D42790（LM34I 机芯）液晶彩电的稳压电路部分截图

❓ 4. 机型和故障现象：长虹 3D42C3000I（ZLM41G-iJ 机芯）液晶彩电，通电后，有伴音，灰屏

维修过程：上门检修时，发现屏幕呈灰屏状态、背光亮，若主板信号的输出部分、液晶屏逻辑板、主板到逻辑板的供电、LVDS 信号、液晶屏等有问题，则均会出现灰屏现象；首先检测主板的各个电压点 12V、5V、3.3V、1.8V 都正常；再检测逻辑板 12V 供电电压也正常，LVDS 信号正常；检测逻辑板（见图 5-4）时，发现逻辑板上 U3 的外围电容 C255 短路。

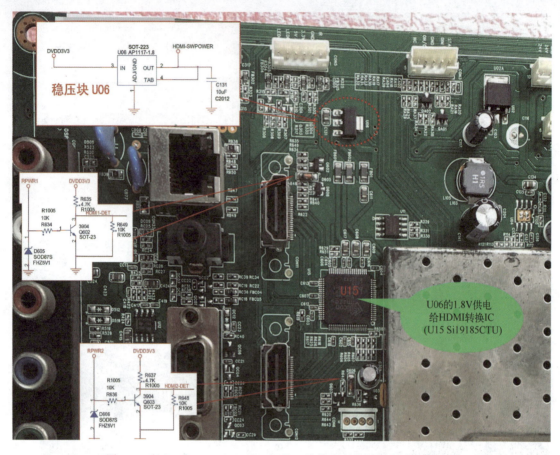

图 5-3　长虹 3D42790I（LM34I 机芯）液晶彩电的主板相关部分截图

故障处理：更换同型号的电容 C255 后，故障被排除。若找不到更换元件，则可直接拆掉。

> **提示**：长虹 3D42C3000I（ZLM41G-iJ 机芯）液晶彩电的逻辑板型号为 6870C-0432A，液晶屏型号为 M420F12-D5-L。

5. 机型和故障现象：长虹 3D47790I（LM34i 机芯）液晶彩电，通电后，背光灯亮，有伴音，无图像

维修过程：检查由逻辑板通向液晶屏的插件接触是否良好；用万用表检测液晶屏的供电电压，无 12V 供电电压；检测 U05（AP3003S-12E1）的 1 脚有 24V 供电电压，2 脚输出电压为 0V；检测 U05 的 2 脚对地阻值正常；经检测，故障原因为 U05 损坏。长虹 3D47790I（LM34i 机芯）液晶彩电部分液晶屏的供电电路如图 5-5 所示。

第5章 互联网+APP 上门维修实战技巧

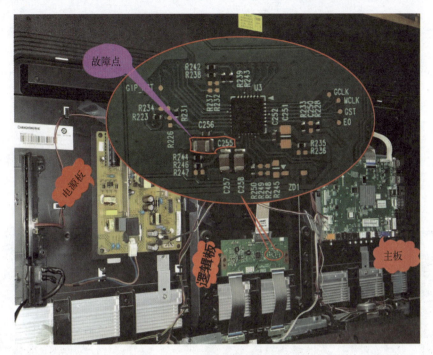

图 5-4 长虹 3D42C3000I（ZLM41G-iJ 机芯）液晶彩电的逻辑板

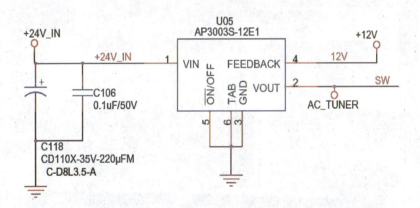

图 5-5 长虹 3D47790I（LM34i 机芯）液晶彩电部分液晶屏的供电电路

故障处理：更换 U05 后，故障被排除。

> **提示**：背光灯亮、有声音、无图像的原因一般为逻辑板（逻辑板故障比较多）和数字板故障。检修时，首先从数字板的信号输出端口开始，检测信号输出端口是否有图像信号和液晶屏供电电压（+5V 和 +12V）。若没有供电电压，则是数字板上的供电控制电路有问题。

❓ 6. 机型和故障现象：长虹 55Q2EU（ZLM60H-i-8 机芯）液晶彩电，通电后，指示灯不亮，按遥控器操作键也无反应

维修过程：上门后，首先打开机壳，检测电源板的各路输出电压，发现无 12V 输出电压；断开给主板供电的排线，仍无 12V 输出电压，判断故障在电源板上，如图 5-6 所示；检查电源板上的保险管 F1 正常；检测电容 C3 两端有 300V 电压；检测场效应管 Q11 正常；检测 12V 形成电路中的 IC5 相关引脚电压，发现 5 脚供电端的电压明显偏低；经检测，故障原因为外围 22V 稳压管 Z3 不良。

图 5-6　长虹 55Q2EU（ZLM60H-i-8 机芯）液晶彩电的电源板

故障处理：更换 Z3 后，故障被排除。

扫码看检测遥控器微视频 5-1

> 提示：长虹 55Q2EU（ZLM60H-i-8 机芯）液晶彩电使用 JCL75D-2S8 480-W 二合一电源组件。保险管 F1 正常，说明电源内部没有严重的短路。

❓ 7. 机型和故障现象：长虹 55Q3T（ZLM65 机芯）液晶彩电，通电后，指示灯不亮，不能开机

维修过程：上门后，首先拆开机壳，检测电源板（见图 5-7）的各路输出电压，发现无 12V 输出电压；断开给主板供电的排线，仍无 12V 输出电压，判断故障在电源初级电路；检测电源滤波电容 C212 的正端电压为 304V，可排除整流电路有问题的可能性；检测电源驱动芯片 U301（NCP1271A）相关引脚的电压，发现 U301 的 6 脚供电端、8 脚启动电压输入端均无电压输入；经检测，故障原因为 U301 的 8 脚外接二极管 D111 开路。

故障处理：更换同型号的二极管后，故障被排除。

> 提示：长虹 55Q3T（ZLM65 机芯）液晶彩电使用 HSL55D-1SH 560（JUJ.820.692 V1.2）电源组件。

❓ 8. 机型和故障现象：长虹 58Q1N（ZLM50H-iS 机芯）液晶彩电，通电后，出现三无故障

维修过程：上门后，首先检测电源板（见图 5-8），发现保险管损坏，开关管 Q401、Q402 被击穿，更换 Q401、Q402 后，又被烧坏；检查驱动芯片 NCP1393 及外围元器件正常；更换 Q401、Q402 并用一个 100W 的白炽灯代替保险管，通电，白炽灯很亮，此时检测 PFC 输出的 400V 电压偏低较多，断开 Q401、Q402，检测 PFC 输出的 400V 电压正常，判断 24V 电路存在严重短路；经检测，故障原因为 24V 开关变压器 T1（BCK940080）不良。

故障处理：更换开关变压器 T1 后，故障被排除。

> 提示：长虹 58Q1N（ZLM50H-iS 机芯）液晶彩电采用 HSL50S-1M2 7A2（XP7.820.358 V1.3）电源板。

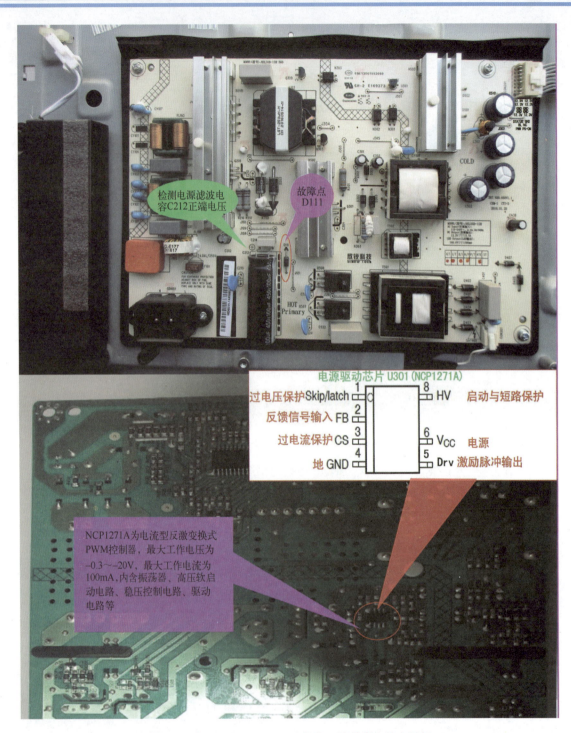

图 5-7 长虹 55Q3T（ZLM65 机芯）液晶彩电的电源板

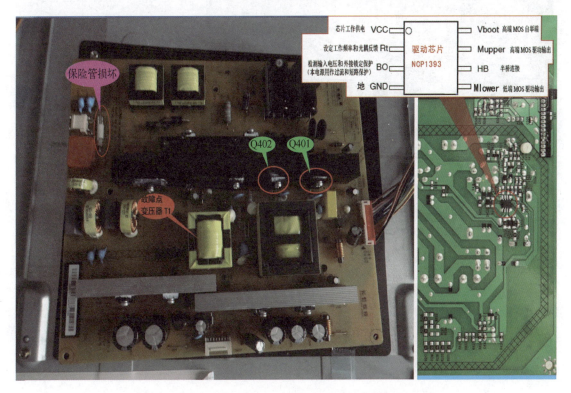

图 5-8　长虹 58Q1N（ZLM50H-iS 机芯）液晶彩电的电源板

? 9. 机型和故障现象：长虹 65D2000i（ZLS59G-i-4 机芯）液晶彩电，通电后，不能开机

维修过程：上门后，通电，开机，发现背光灯闪一下即灭或亮、暗闪烁几次后灭；检测给主板供电的 12V 电压正常；检测背光控制 BL-ON 4.74V、ADJ 1.73V 正常；检测 PFC 电路的电压在关机瞬间可达 360V 或不升压，判断故障在电源背光二合一板上，如图 5-9 所示；开机，检测 PFC 驱动芯片 NCP1631 的 12 脚供电电压偏低；经检测，故障原因为 PFC 驱动芯片的供电开关管 Q178（2N4401）损坏。

故障处理：更换 Q178（2N4401）后，故障被排除。若无同型号的开关管，则可使用 2N5551 型号的开关管更换。

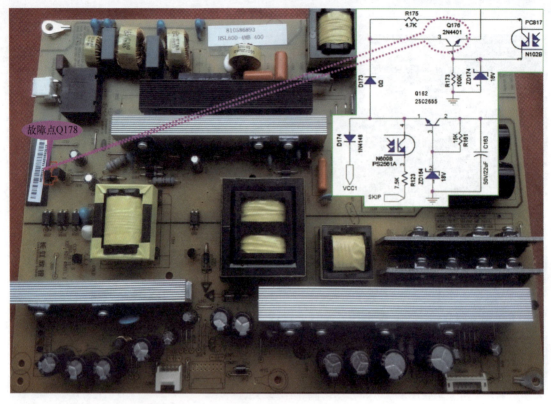

图 5-9　长虹 65D2000i（ZLS59G-i-4 机芯）液晶彩电的电源背光二合一板

❓ 10. 机型和故障现象：长虹 65U3（ZLS58G-I-1 机芯）液晶彩电，通电后，指示灯亮，不能开机

维修过程：上门后，首先用电脑打印信息，发现在通电的瞬间有几行显示信息比较杂乱，说明主程序没有读取 EEPOR 中的数据，故障应该在主芯片本身或供电端；检测主板上的 1.5V、3.3V、1.8V、5V 供电电压正常，1.2V 供电电压与正常值有偏差；检测 U14、U15（MSH6110A1）的输出电压，发现 U15 的输出电压偏低、不稳定；经检测，故障原因为 U15 内部有问题。长虹 65U3（ZLS58G-I-1 机芯）液晶彩电 U15 的相关电路与实物图如图 5-10 所示。

故障处理：更换 U15（MSH6110A1）后，故障被排除。

> **提示**：ZLS58G-I-1 机芯的 1.2V 供电电压由 U14 和 U15 产生，主板型号为 JUC7.820.00141998。

图 5-10　长虹 65U3（ZLS58G-I-1 机芯）液晶彩电 U15 的相关电路与实物图

❓ 11. 机型和故障现象：长虹 LED23860X（LM32 机芯）液晶彩电，开机后，指示灯不亮，整机呈三无状态

维修过程： 上门后，首先检测排插 CON2 的各引脚电压，发现 10 脚~12 脚无电压，6、7 脚的 5V 电压仅为 3V；断开 CON2 的 6、7 脚到主板的两条连线，通电检测 6、7 脚的 5V 电压仍低，排除主板有问题的可能性，此时应重点检测电源板 R-HS070S-3MF01，如图 5-11 所示；经检测，故障原因为 5Va 输出电路中的开关控制管 Q201 不良，造成输入端 5V 电压低。

故障处理： 更换 Q201 后，故障被排除。

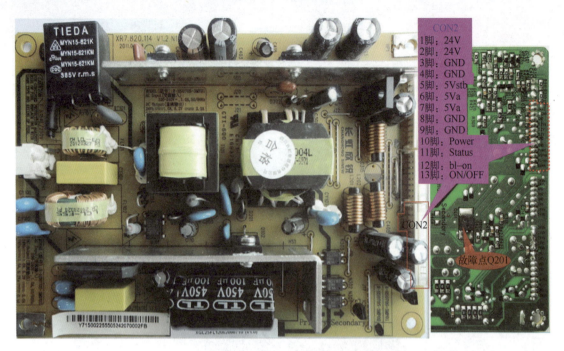

图 5-11　长虹 LED23860X（LM32 机芯）液晶彩电的电源板 R-HS070S-3MF01

提示：长虹 LED23860X（LM32 机芯）液晶彩电采用的电源板为 R-HS070S-3MF01。CON2 的 5 脚 5Vstb 用于给主板提供开机电压，13 脚 ON/OFF 的 5V 正常，说明主板已经发出开机指令，因为 5Va 电压低，造成整机不能正常工作，所以首先判断是主板有问题还是电源本身有问题。长虹 LED23860X（LM32 机芯）液晶彩电的 5V 电压是由 D401 整流、C402 滤波后输出的，在主板发出开机指令后，5V 电压通过开关控制管 Q201、L202 输出 5Va，说明 Q201 开关控制管已经导通，故障原因可能为 Q201 本身。

❓ 12. 机型和故障现象：长虹 LED42B2080N（ZLS53Gi 机芯）液晶彩电，通电后，不开机，指示灯不亮

维修过程：上门后，首先检测主板上的 5V 待机电压形成电路（电源板送来的+12V 电压经主板稳压电路 U12（SYC813）的 DC/DC 转换，得到+5V_Standby 电压，给其他单元供电）是否正常；然后检测 1.2V 电压形成电路（5V 待机电压通过 U13（SYC812）的 DC/DC 转换，形成 1.2V 电压给主芯片 U61（MSD6i881）供电）是否正常；检测三端稳压块 U15（AMS1117-ADJ）、U16（AMS1117-3.3V）的输入与输出电压是否正常；最后检测开待机控制电路中的 Q105、U11、R119、R118、U15、U16 等元器件是否正常；

经检测,故障原因为 U15(AMS1117-ADJ)有问题,造成 1.5V 输出电压失常。长虹 LED42B2080N(ZLS53Gi 机芯)液晶彩电的开/待机控制电路如图 5-12 所示。

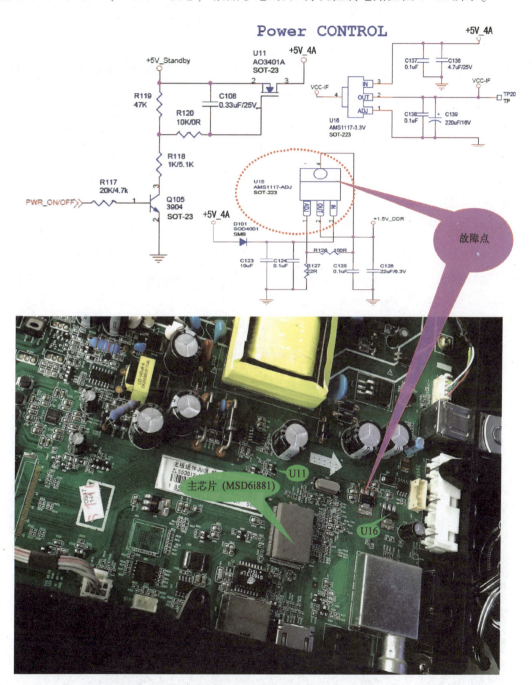

图 5-12 长虹 LED42B2080N(ZLS53Gi 机芯)液晶彩电的开/待机控制电路

故障处理:更换 U15(AMS1117-ADJ)后,故障被排除。

> 提示：开/待机控制电路原理：给出开机指令后，主芯片（MSD6i881）输出高电平，Q105 导通，U11 的 1 脚电压经电阻 R119 和 R118 分压，U11 导通，输出 5V-4A 电压，供给其他单元电路（高频头、背光控制等）。

❓ 13. 机型和故障现象：长虹 LED50B3000iC（LM38iS-B 机芯）液晶彩电，通电后，能开机，无图、无声

维修过程：上门后，首先通电观察，发现指示灯亮，遥控开机指示灯闪烁很长一段时间后才能开机，随后液晶屏显示闪烁的细竖线，怀疑是液晶屏的参数有问题；用打印口看打印信息（不是实际打印，是通过编程器查看液晶彩电的开机程序启动指令）为"未检测到用户存储器信息"；用万用表检测用户存储器 UM5（M24C32-W）7、8 脚的总线电压为 0.18V，判断总线供电有问题；经检测，故障原因为降压二极管 D304（1N4148）脱焊。长虹 LED50B3000iC（LM38iS-B 机芯）液晶彩电的用户存储器电路部分截图如图 5-13 所示。

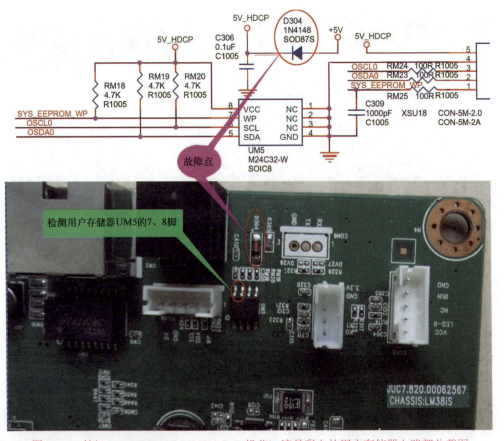

图 5-13　长虹 LED50B3000iC（LM38iS-B 机芯）液晶彩电的用户存储器电路部分截图

故障处理：重焊 D304 后，故障被排除。

> 提示：由于二极管 D304 脱焊，导致 CPU 在运行时读取不到 EEPROM 信息，导致开机画面出不来，无受控于总线的伴音。该机的主板型号为 JUC7.820.00062567。

❓ 14. 机型和故障现象：长虹 LED50C2000i 液晶彩电，通电后，指示灯不亮，三无

维修过程：上门后，首先检测电源板的各路输出电压，发现无 12V 输出电压，PFC 电压为 300V，说明 PFC 电路未工作；检测 IC5（LD7538）的供电端 5 脚电压为 12.5V，不稳定；检测 IC5 的 5 脚供电电路未见异常；检测 IC5 的 2、3 脚外接 AC220V 掉电检测电路，发现当 AC220V 大幅下降时，Q10 截止，Q9 导通，IC5 的 3 脚电压偏低，IC5 进入锁死状态，此时，5 脚电压波动，开关电源停止工作；断开 R83、R84 后通电，12V 输出电压正常，说明 IC5 的 2、3 脚外围电路有问题；经检测，故障原因为电阻 R51 损坏。长虹 LED50C2000i 液晶彩电的 IC5 相关电路部分截图如图 5-14 所示。

故障处理：更换电阻 R51 后，故障被排除。

❓ 15. 机型和故障现象：长虹 LED58C3000ID（ZLM41H-iS-2 机芯）液晶彩电，通电后，三无

维修过程：上门后，首先打开机壳，检测电源板的各路输出电压均正常，判断故障在主板上；检测主板上的开/待机控制端无信号输出；检测 U8 各脚的输出电压，发现 6 脚电压偏低；经检测，故障原因为 U8 内部有问题。长虹 LED58C3000ID（ZLM41H-iS-2 机芯）液晶彩电的主板相关电路部分截图如图 5-15 所示。

故障处理：更换 U8 后，故障被排除。

> 提示：该机的主板型号为 JUC7.820.00085881。主板的主要供电情况：12V 电压经 U8 稳压后，输出 5V 待机电压；5VSB 待机电压经 U02 后，输出 3.3VSB 待机电压；12V 电压和 5VSB 待机电压经 U102 后切换输出。

❓ 16. 机型和故障现象：长虹 LED65C10TS（ZLM41G-E 机芯）液晶彩电，通电后，指示灯不亮，不能开机

维修过程：该机的电源板型号为 HS255S-3SF，如图 5-16 所示。上门后，首先检测电源

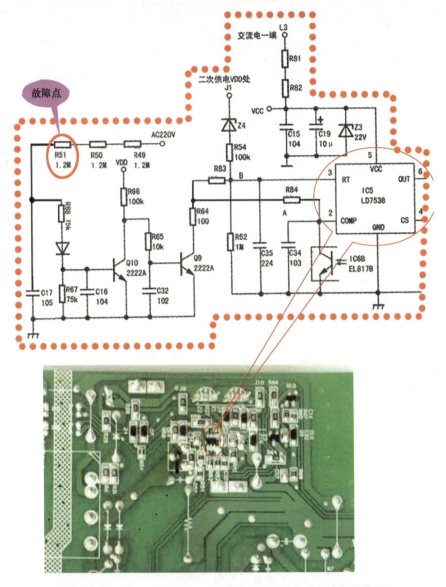

图 5-14　长虹 LED50C2000i 液晶彩电的 IC5 相关电路部分截图

板的各路电压，插座 CN2 的 5 脚无 5VSB 待机电压；检测由 U1（STR-A6052）组成的电路，5 脚（供电端）电压失常；检测 U1 及其外围的元器件 R101～R105、C109，U1 的 5 脚对地阻值偏低，判断故障的原因是 U1 被击穿损坏。

故障处理：更换 U1 后，故障被排除。

提示：插座 CN2 的 5 脚无 5VSB 待机电压，说明故障由副电源（由 U1 及其外围元器件组成）未工作引起。U1 的 5 脚启动电压为整流电压经 R101～R105 分压后，对 5 脚的外接电容 C109 进行充电，当 C109 上的电压达到启动值时，U1 开始工作。

第 5 章　互联网+APP 上门维修实战技巧

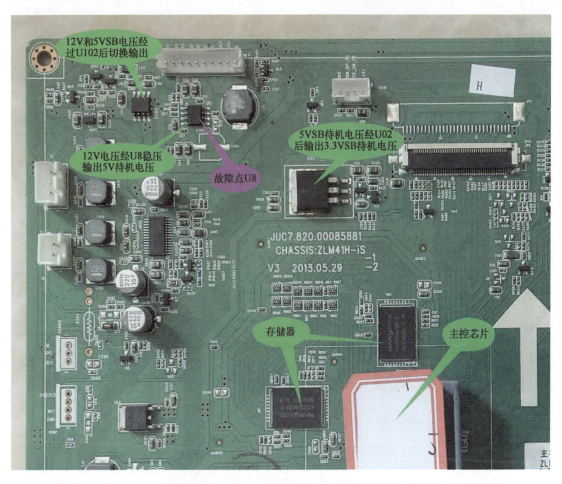

图 5-15　长虹 LED58C3000ID（ZLM41H-iS-2 机芯）液晶彩电的主板相关电路部分截图

❓ 17. 机型和故障现象：长虹 UD43D6000iD（ZLM60H-i 机芯）液晶彩电，不能开机，指示灯不亮

维修过程：上门后，通电开机，指示灯不亮，按遥控与操作按键均无反应；检测电源板上的输出电压，在开机瞬间为 10V 左右，然后下降到 4V 左右；断开主板，通电检测电源板的输出电压仍不正常，判断故障在电源板（HSM45D-1ME 400，见图 5-17）上；检测由 U501、N301、U301 及其外围元器件组成的稳压电路正常；检测 U301（NCP1271A）的 6 脚（VCC 供电）电压，电压偏低（正常值为 12~15V）；检测 R304、R305、D301、C301、Q302、ZD307 等元器件，ZD307 不良，导致 D301 整流输出电压失常，Q302 基极电压异常。

故障处理：更换 ZD307（15V 稳压二极管）后，故障被排除。

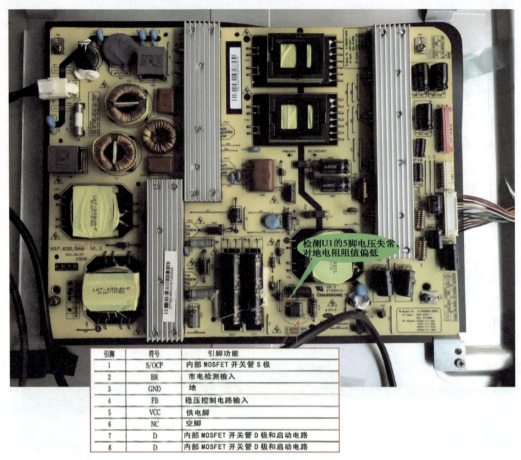

图 5-16　长虹 LED65C10TS（ZLM41G-E 机芯）液晶彩电的电源板 HS255S-3SF

> 提示：VCC 形成电路由 R304、R305、D301、C301 组成。

18. 机型和故障现象：长虹 UD55C6080iD（ZLS47H-iS-1 机芯）液晶彩电，通电后，指示灯不亮，不能开机

维修过程：上门后，检测电源板的输出电压，插座 CON201 的 13～16 脚无 12V 电压，此时通电检测开关电源进线电路整流输出的 300V 电压正常，排除进线电路和全桥整流元器件有问题的可能性；检测 U402（NCP1271A）的 6 脚（供电端）电压为 7V 左右；断开 R110，检测由 D101、Q101、Q102 组成电路的输出电压为 35V，排除此部分电路有问题的可能性；断开 N302 的 3、4 脚，检测 U402 的 6 脚电压能慢慢上升到 27V 左右；经检测，故障原因为 N302 不良（检测 3、4 脚两端阻值为 300Ω）。长虹 UD55C6080iD（ZLS47H-iS-1 机芯）液晶彩电电源电路相关部分截图如图 5-18 所示。

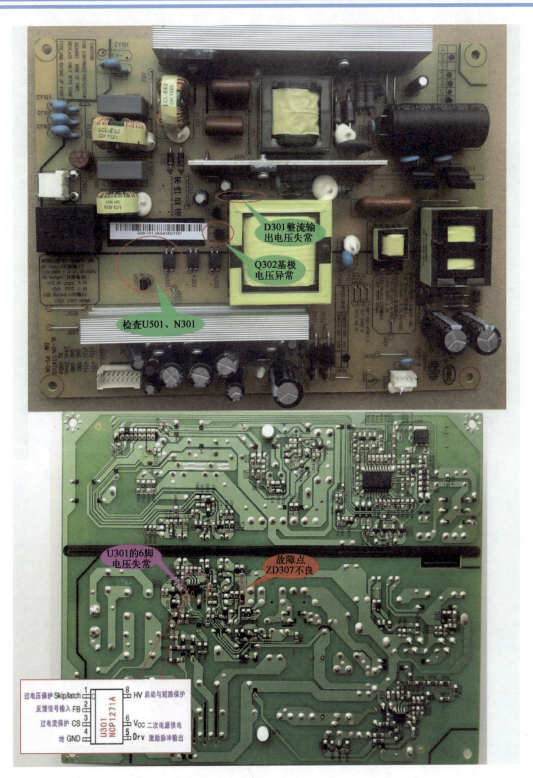

图 5-17 长虹 UD43D6000iD（ZLM60H-i 机芯）液晶彩电的电源板

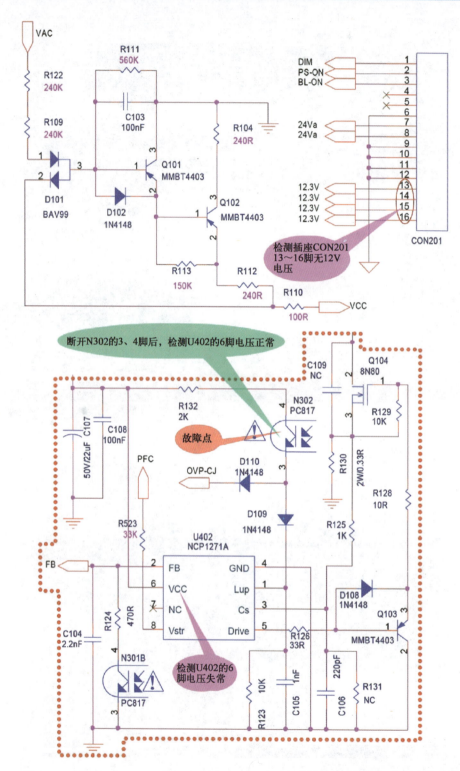

图 5-18　长虹 UD55C6080iD（ZLS47H-iS-1 机芯）液晶彩电电源电路相关部分截图

故障处理：更换 N302 后，故障被排除。

> 提示：该机主电源由 U402（NCP1271A）和 T301 组成，形成 12V、24V 主电压；PFC 电路以 U201（FA5591）为主；背光电压形成电路以 U501（NCP1393）为中心；LED 灯条的恒流控制由 U202（CAT4206）完成。

5.2 康佳液晶彩电上门维修实战技巧

19. 机型和故障现象：康佳 LC42GS82DC 液晶彩电，通电后，指示灯闪烁，不能开机

维修过程：由于该机的电源板（34006723 二合一电源板）至主板只有一组 12V 电压，因此首先开机检测 12V 电压，发现电源板输出电压排插 XS951 的 1 脚（开/待机控制端）12V 电压偏低且不稳定，试将 XS951 的 1 脚连接一个 20kΩ 的电阻，12V 电压仍然偏低，排除主板有问题的可能性，重点检测电源板（见图 5-19）；检测电源板上的 NW901、NF901、Q951、Q901、CF910、CF911 等元器件，发现电容 CF910 短路。

故障处理：更换 CF910 后，故障被排除。

> 提示：该机的开机信号经过 Q951 使开机光耦 NW952 导通，Q901（PNP 管）导通，VCC 电压经过 Q901 给 PFC 电路的振荡集成电路 NF901（FAN7530）供电。当 CF910 短路时，开机后，Q901 导通，VCC 电压经过 Q901、RF912（10Ω）、CF910（已短路）到地，VCC 电压大幅降低，使其对 NW901（FSQ0765）的供电不足，引起 NW901 间歇振荡，造成 12V 电压输出不稳，从而引起本例故障。

20. 机型和故障现象：康佳 LC46TS86N（MSD209 机芯）液晶彩电，不能开机，指示灯亮（绿色）

维修过程：由于该机的指示灯为绿色，因此排除主控芯片 MSD209、CPU 控制部分有问题的可能性，怀疑主控芯片的系统程序没有正常运行；检测 N505（W25Q128BVFIG）（见

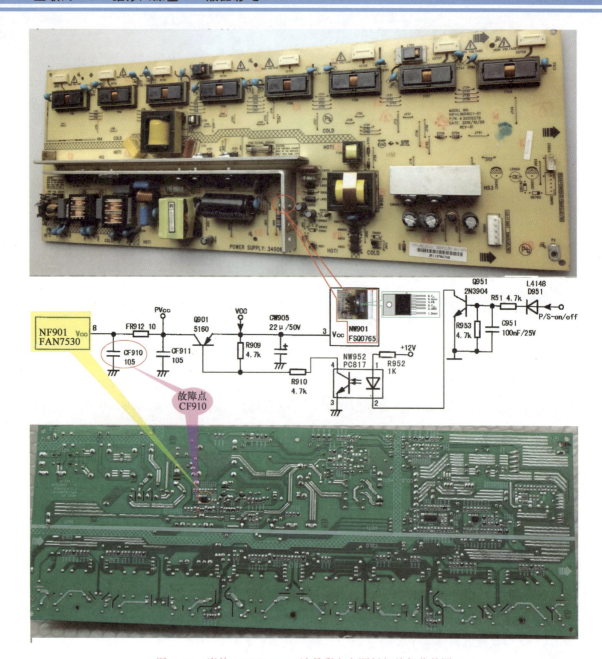

图 5-19 康佳 LC42GS82DC 液晶彩电电源板相关部分截图

图 5-20）的供电和通信电路，发现 N505 的 2 脚（供电端）电压偏低；经检测，故障原因为电感 L511 开路。

故障处理：更换 L511 后，故障被排除。

> **提示**：该机的主板型号为 35014507。

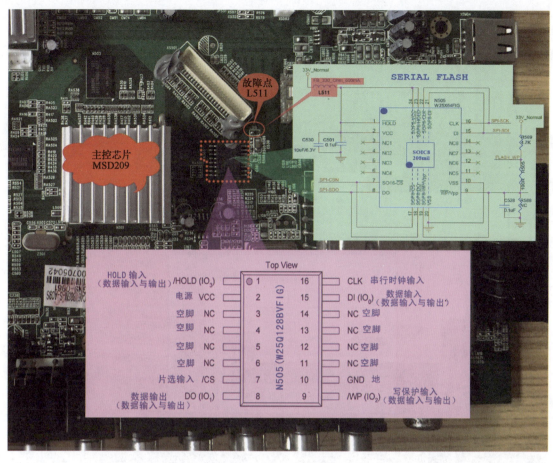

图 5-20 康佳 LC46TS86N（MSD209 机芯）液晶彩电的 N505 相关电路部分截图

❓ 21. 机型和故障现象：康佳 LC46TS86N（MSD209 机芯）液晶彩电，网络/USB 状态黑屏，网络部分指示灯 VDM06 一直不亮，其他状态正常

维修过程：上门后，首先检测网络主芯片 NU01（CC1100），发现其 1.4V 的供电电压为 0V；检测 DC/DC 电源转换电路，NM08（MP2307DS）的 2 脚有 12V 输入电压，7 脚（使能端）有 3.3V 的高电平，8 脚（软启动端）的 3.5V 电压仅为 0.18V；经检测，故障原因为 NM08 的 8 脚外围电容 CM81 失效，造成 8 脚电压偏低。康佳 LC46TS86N（MSD209 机芯）液晶彩电的 DC/DC 电源转换电路部分截图如图 5-21 所示。

故障处理：更换电容 CM81 后，故障被排除。

提示：CM81（0.1μF）为软启动时间设定电容，若损坏，则在应急维修时可拆掉。1.4V 电压是通过 NM08（MP2307DS）降压转换得到的，故应重点检测以 NM08 为核心的 DC/DC 电源转换电路。

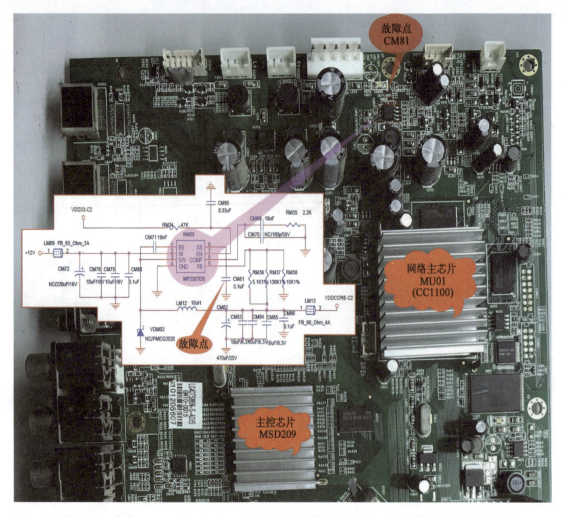

图 5-21 康佳 LC46TS86N（MSD209 机芯）液晶彩电的 DC/DC 电源转换电路部分截图

❓ 22. 机型和故障现象：康佳 LC55FT68AC（QX88 机芯）液晶彩电，开机后，无光，有声音，能遥控开/关机

维修过程：由于该机有声音、能遥控开/关机，因此可排除程序存储器与芯片通信有问题的可能性，重点检测背光相关电路（见图 5-22）；检测背光排插 XS809 的 1 脚（背光亮度调节）、2 脚（背光开关）电压，发现 2 脚电压为 0V；检测 QX88 的控制脚电压失常，把 QX88 的控制脚短路（模拟一个打开背光的信号），图、声正常，只是在每次开机时背光不会延时几秒才亮（QX88 不能进行背光延时控制）；经检测，故障原因为软件故障，造成 QX88 控制脚的输出电压失常。

第 5 章 互联网+APP 上门维修实战技巧

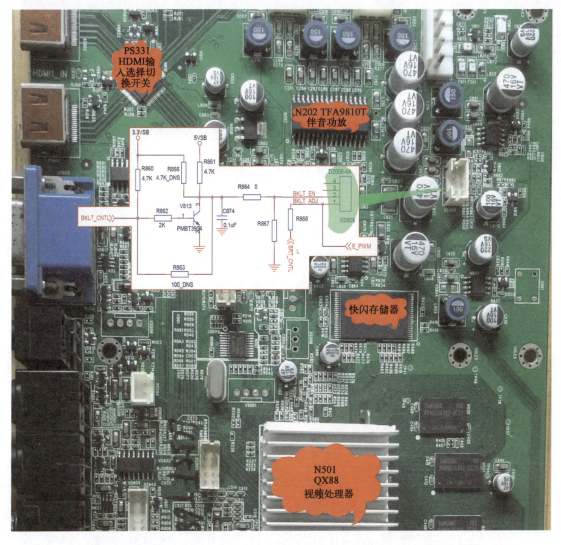

图 5-22 康佳 LC55FT68AC（QX88 机芯）液晶彩电的背光相关电路部分截图

故障处理：取消对 QX88 控制脚的短路，使用 U 盘，通过 USB 接口重新写入软件，试机后，故障被排除。

> **提示**：该机的主板型号为 35014069，液晶屏为 LTA550HF02。在正常开机时，背光要延时 4~5s 才会亮，若出现本例故障，则怀疑 QX88 部分电路损坏，造成控制脚输出电压异常，但是大规模集成电路个别脚损坏的概率较小，故判断是由软件故障引起的。

? 23. 机型和故障现象：康佳 LED26HS92（MST739 机芯）液晶彩电，开机后，指示灯为绿色，无背光，无声音，按遥控器"待机"键后，指示灯由绿色变为红色

维修过程：上门后，检测背光控制电路（见图 5-23），发现插座 XS801 的 3 脚（背光使能端）电压为 0V，背光控制三极管 V808 的基极与集电极电压为 0V，上拉电阻 R818 的供电端电压（VCC_5V 由 N804 降压、稳压后得到）也为 0V；检测 N804 的输入端无 12VA 电压（12VA 受控于 V809）；经检测，故障原因为 V809（P 沟道场效应管）损坏，造成 XS801 的 3 脚电压为 0V，V808 集电极上拉电阻 R818 的供电端无电压。

故障处理：更换 V809 后，故障被排除。

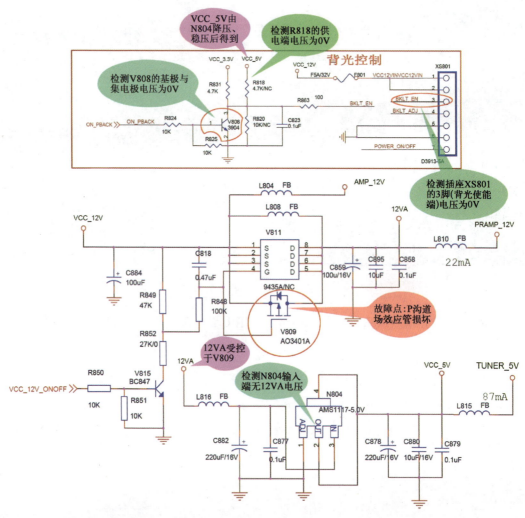

图 5-23　康佳 LED26HS92（MST739 机芯）液晶彩电的背光控制电路部分截图

提示：场效应管 V809 的故障率较高，若无同型号的场效应管更换，则在应急时可在 L808 处安装一个电感。

24. 机型和故障现象：康佳 LED40F3300CE 液晶彩电，开机后，出现光栅闪烁

维修过程：该机采用三合一主板 35016968（见图 5-24）。上门后，检测开关电源的输出电压，不稳定；检测开关电源的取样稳压，正常；检测开关电源初级电路中的 NW907

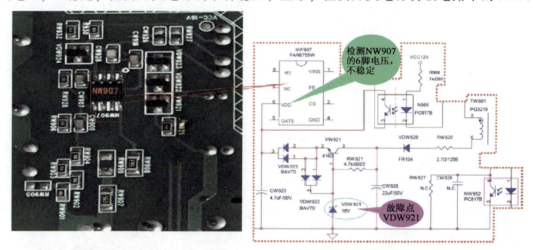

图 5-24　康佳 LED40F3300CE 液晶彩电的三合一主板 35016968

(FAN6755)供电脚（6脚）电压，不稳定；经检测，故障原因为外围18V稳压二极管VDW921不良。

故障处理：更换VDW921后，故障被排除。

提示：若不安装VDW921，则三极管VW921的e极输出电压会大幅升高，会导致FAN6755损坏。

? 25. 机型和故障现象：康佳LED40F3800CF液晶彩电，开机后，屏幕闪烁

维修过程：上门后，检测用户家的电源，未存在欠压或供电不足的现象，怀疑为背光控制电路供电的高压板有问题（见图5-25）；开机，检测背光控制电路，有12V供电电压，

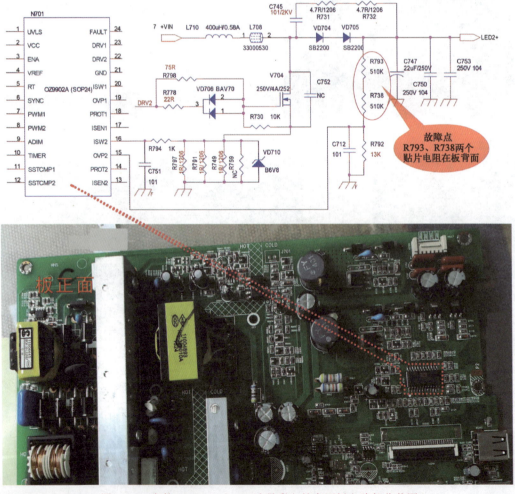

图5-25　康佳LED40F3800CF液晶彩电的高压板电路部分截图

液晶屏有一半亮；检测 LED 灯条两端的 150V 电压和过压保护电压引脚，发现灯条电源控制器 N701（OZ9902A）的 19 脚电压为 1.9V、15 脚电压为 2.79V；沿路检测，发现 15 脚的外围贴片电阻 R793、R738 漏电。

故障处理：更换两个贴片电阻 R793、R738 后，开机，检测灯条两端的电压为 150V，19 脚和 15 脚的电压均为 1.9V，故障被排除。

❓ 26. 机型和故障现象：康佳 LED40R660U 液晶彩电，开机后，出现三无故障

维修过程：检测主板上 DC/DC 电源转换电路提供的 5V、3.3V、2.5V、1.2V 电压都正常，估计故障在开关电源部分（该机采用三合一电源板，型号为 35021716，见图 5-26）；通电后，检测电容 C901（150μF/400V）两端有 320V 的电压；检测电源管理芯片 NW907（EN8671A）的 6 脚供电电压偏低（正常值应为 16V）、不稳定，12V 输出电压也偏低、不稳定；经检测，故障原因为稳压电路中的电阻 RW966 损坏。

图 5-26　康佳 LED40R660U 液晶彩电的三合一电源板，型号为 35021716

故障处理：更换 RW966 后，故障被排除。

> 该机的电源管理 IC 使用的是 EN8671A，若需更换但又没有 EN8671A 时，可采用康佳液晶彩电绝大部分三合一电源板所使用的电源管理 IC（FNA6755）进行更换。

❓ 27. 机型和故障现象：康佳 LED42IS95D 液晶彩电，通电后，红灯亮，不能开机

维修过程：通电检测主板电源接口 XS803 的 5 脚 5V 电压正常，7 脚开/关机控制电压为 0V，显然主板没有开机信号送出；检测各路供电，即 N803（1.5V）、N804（2.5V）、N809（3.3Vstb）、N807（3.3V_Normal）均正常；检测 N801（AP3502）的供电，2 脚有 5V 输入电压，7 脚（EN）电压仅为 0.87V 左右，试断开 N801 的 7 脚外接电容 C809，故障依旧；沿路检测，发现 R550 的下端电压为 3.3V，正常；经检测，故障原因为电阻 R811 虚焊。康佳 LED42IS95D 液晶彩电的主板相关电路部分截图如图 5-27 所示。

故障处理：重焊电阻 R811 后，故障被排除。

> **提示**：N801 的 7 脚电压由 N809（3.3V）经电阻 R550、R811 后提供。

❓ 28. 机型和故障现象：康佳 LED42IS97N（MST6i78 机芯）液晶彩电，图像像相片底片

维修过程：该故障一般出现在逻辑板或主信号处理板、LVDS（低压差分信号）屏线上。首先检测 LVDS 插座 XS501 的 6 脚 LVDS 格式选择端，有正常的 3.3V 电压；升级软件后，故障依旧，可排除软件故障的可能性；检测主板上的主芯片 N301（MST6M20）LVDS 信号输出电路，发现 N301 的 116 脚外接电阻 R326 开路。康佳 LED42IS97N（MST6i78 机芯）液晶彩电的 N301（MST6M20）相关电路部分截图如图 5-28 所示。

故障处理：更换电阻 R326 后，故障被排除。

> **提示**：该机的主板型号为 35016105。当出现像相片底片一样的图像时，若检测信号处理板上的 LVDS 接口电压正常，则故障与信号处理板无关。此时可判断故障不在屏线上，就在逻辑板上。如检测逻辑板上 LVDS 接口的供电电压与信号引脚上的动静态电压不同，则可判断故障在逻辑板上。

第5章 互联网+APP 上门维修实战技巧

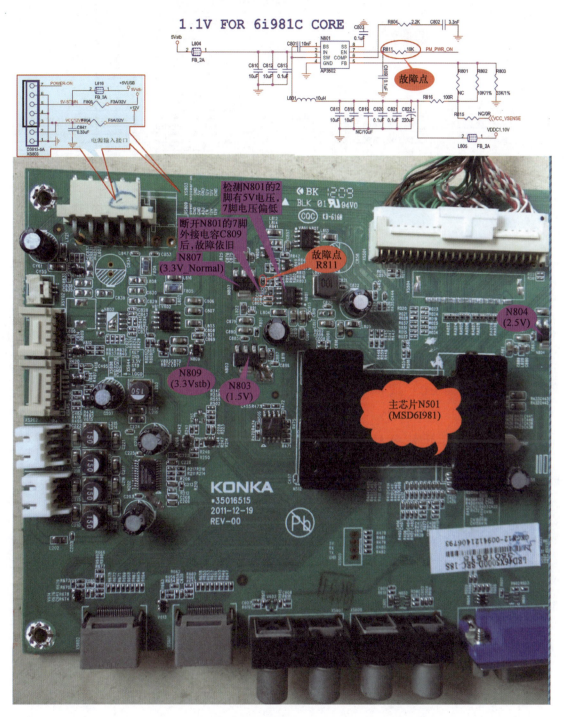

图 5-27 康佳 LED42IS95D 液晶彩电的主板相关电路部分截图

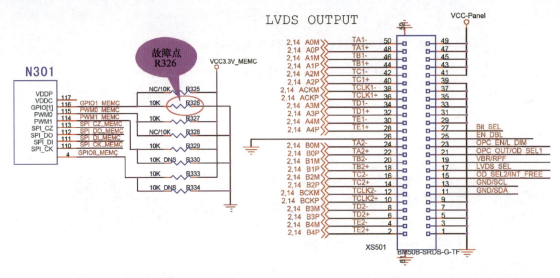

图 5-28　康佳 LED42IS97N（MST6i78 机芯）液晶彩电的 N301（MST6M20）相关电路部分截图

29. 机型和故障现象：康佳 LED42MS11PD 液晶彩电，开机后，出现背光亮、无图像（灰屏）

维修过程：当主板、液晶屏逻辑板、连接线等出现故障时均会引起灰屏；拆开机壳，检测主板各个电压点，即 12V、5V、3.3V、1.8V 都正常；检测逻辑板上的 12V 供电电压正常，VDD 为 3.3V，正常，VADD 仅为 2.7V，不正常，VGH 和 VGL 的电压均为 0V，说明故障在逻辑板、液晶屏或液晶屏边板上；逻辑板采用双排线与液晶屏连接，先试断开逻辑板与液晶屏之间的一条排线，检测 VADD 恢复正常，可判断液晶屏边板有可能被短路保护；打开液晶屏检查，液晶屏边板的元器件比较小；经检测，故障原因为 VADD 的 16V 电容 C107 漏电，接近短路，如图 5-29 所示。

故障处理：更换电容 C107 后，故障被排除。

> **提示**：判断液晶彩电逻辑板故障的方法：①检测逻辑板上由数字图像处理电路送来的输入视频信号波形，若正常，则说明数字图像处理电路正常；②若检测逻辑板的输入电压正常，则说明电源供电电路正常；③检测逻辑板屏线接口输出的液晶屏驱动信号波形，若无正常的液晶屏驱动信号波形输出，则逻辑板可能有故障。

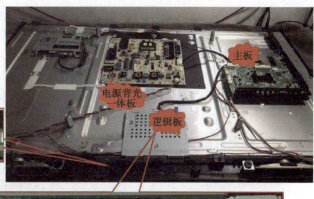

图 5-29　康佳 LED42MS11PD 液晶彩电的主板、逻辑板、屏边板相关实物截图

❓ 30. 机型和故障现象：康佳 LED48F3700NF（板号为 35018534）液晶彩电，开机出现 LOGO 后，无图像

维修过程：拆机后，检测开关电源的各个输出电压都正常；检测主芯片 N501 的各组供电均正常；转换到其他视频通道时，发现遥控无作用，检测总线无跳变电压；升级主程序或更换拷贝的主程序芯片，开机复位后，故障依旧；逐个检测 DC/DC 芯片，发现 N807（AMS1117-3.3）的 3.3V 电压偏低较多；试断开电感 L824，检测 N807 输出的 3.3V 电压仍偏低，判断 N807 损坏。康佳 LED48F3700NF（板号为 35018534）液晶彩电的 N807 相关电路部分截图如图 5-30 所示。

图 5-30 康佳 LED48F3700NF（板号为 35018534）液晶彩电的 N807 相关电路部分截图

故障处理：更换 N807 后，故障被排除。

> **提示**：该机的板号为 35018534。在一般情况下，液晶彩电开机后，若没有连接任何外部信号源，则会启动屏保程序（LOGO）保护屏幕。这种情况是正常现象。

31. 机型和故障现象：康佳 LED50M5580AF（MSD6A800 机芯）液晶彩电，有图像，无声音，其他都正常

维修过程：该机的主板型号为 35018441，伴音功放芯片采用 MSH9010。首先输入 TV 和 AV 信号试机，故障现象不变；检测伴音功放芯片 MSH9010 的电源引脚 12V 正常，5 脚无高电平（正常值为 3.3~5V）；沿路检测，发现 5 脚的 5V 供电电压是经上拉电阻提供的；检测上拉电阻 R210，已开路。康佳 LED50M5580AF（MSD6A800 机芯）液晶彩电的伴音相关电路部分截图如图 5-31 所示。

图 5-31　康佳 LED50M5580AF（MSD6A800 机芯）液晶彩电的伴音相关电路部分截图

故障处理：更换 R210 后，故障被排除。

❓ 32. 机型和故障现象：康佳 LED50M6180AF（MSD6A800 机芯）液晶彩电，开机后，图像正常，无声音

维修过程：由于图像正常，因此重点检测伴音相关电路。首先检测伴音功放芯片 N202（MSH9010）的 24、13 脚有 12V 电压，1、12 脚（左、右声道）外接输入电容 C210、C225 的输入端有 1.5V 电压，4 脚有 5V 电压，5 脚（静音控制端，EN）电压为 0V；经检测，故障原因为 V214 损坏。康佳 LED50M6180AF 液晶彩电的主板（6A800HTAB 平台，型号为 35018441）相关电路部分截图如图 5-32 所示。

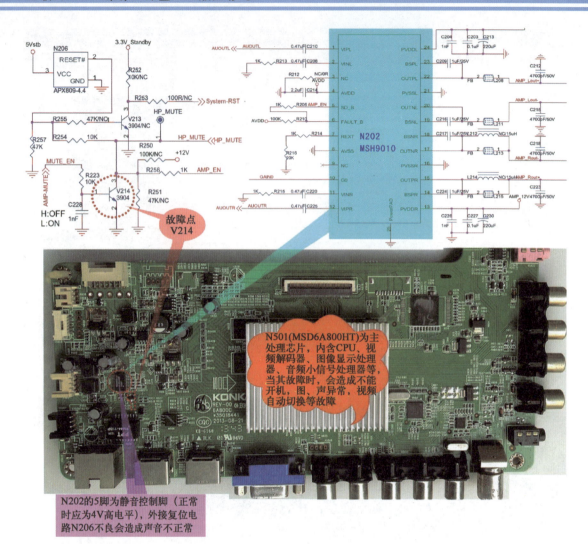

图 5-32 康佳 LED50M6180AF 液晶彩电的主板（6A800HTAB 平台，型号为 35018441）相关电路部分截图

故障处理：更换 V214 后，故障被排除。

提示：N206（复位 IC）为易损件，损坏后，会引起静音电路无供电，导致液晶彩电无声音。

❓ 33. 机型和故障现象：康佳 LED55R7000PD（MSD6I982BX 机芯）液晶彩电，通电后，指示灯不亮，三无

维修过程：检测主板的输出电压，排插 XS803 的 5 脚有 5V 电压，3 脚无 12V 电压，7 脚开/关机控制为低电平；检测主芯片 N501（MSD6I982BX）的各组供电

（1.2V、1.5V、2.5V、3.3Vstb、3.3VA、3V3_Normal）电压，发现 3V3_Normal 偏低较多；沿路检测到三端稳压器 N803 的输入端时，发现无 5V 电压；经检测，故障原因为电阻 R835 虚焊，造成 V810 的基极电压偏低（正常值为 5V），N803 的输入端无 5V 电压。康佳 LED55R7000PD（MSD6I982BX 机芯）液晶彩电的 N803 相关电路部分截图如图 5-33 所示。

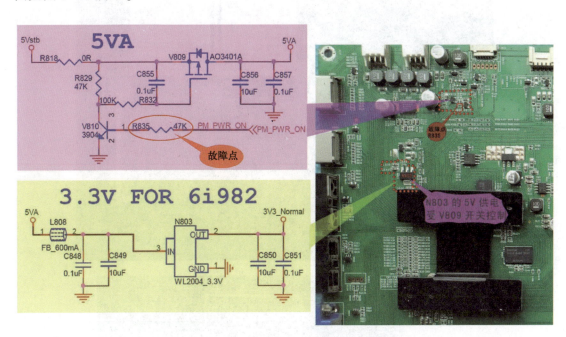

图 5-33　康佳 LED55R7000PD（MSD6I982BX 机芯）液晶彩电的 N803 相关电路部分截图

故障处理：重焊 R835 后，故障被排除。

提示：N803 的 5V 电压受 V809（AO3401A）开关控制，检测 V809 的源极（S）输入电压为 5V，栅极（G）为 5V 高电平，漏极（D）输出电压为 0V。如果 V809 导通并输出 5V 电压，则必须保证栅极（G）为低电平。因为 V809 的栅极电压受控于 V810，所以需要检测 V810。

34. 机型和故障现象：康佳 LED55R7000PD（MSD6I982BX 机芯）液晶彩电，图像上有干扰条纹

维修过程：上门后，查看液晶彩电周围，无干扰源（如有强电磁辐射的设备），由于该机声音、遥控与键控均正常，因此怀疑故障在主板上单芯片 N501（MSD61982BX）的 LVDS 输出部分（见图 5-34）；检测上屏线的插头接触良好；检测 LVDS 插座 XS502 各

路信号输出端的对地阻值,发现有 5 路对地阻值为无穷大,说明 LVDS 信号输出线路异常。

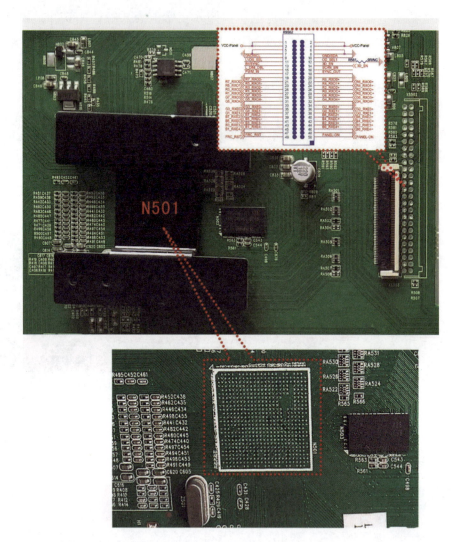

图 5-34 康佳 LED55R7000PD(MSD6I982BX 机芯)液晶彩电的 N501 相关电路部分截图

故障处理:补焊 N501 后,试机,故障被排除。

> **提示**:若热机后才出现干扰条纹,则可用酒精冷却主板和逻辑板上的 DC/DC 变换块、稳压器、主芯片,观察故障现象有无变化,以便快速判断故障部位。该机的主板型号为 35016217。

？35. 机型和故障现象：康佳 LED55X8000D（MSD61988）液晶彩电，通电后，指示灯不亮，三无

维修过程：上门后，检测主板的各路供电，发现排插 XS803 的 3 脚 12V 电压为 0V，5 脚有 5V 电压；检测主芯片 N501 的供电电压，发现 3.3Vstb（由 N806 产生）为 0V；经检测，故障原因为 3.3Vstb 产生电路中的 N806（WL2004N33G）损坏，引起主芯片 N501 工作异常。康佳 LED55X8000D（MSD61988）液晶彩电的 N806 相关电路如图 5-35 所示。

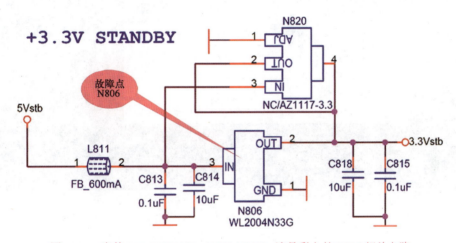

图 5-35　康佳 LED55X8000D（MSD61988）液晶彩电的 N806 相关电路

故障处理：更换 N806 后，故障被排除。

？36. 机型和故障现象：康佳 LED55IS95D（2BOM）（MST6i78+MST6M30RS 机芯）液晶彩电，开机时，有开机音乐、背光亮，但无显示

维修过程：该机的主板型号为 35015699。上门后，检测 N301（MST6M30）信号处理电路的各组供电（3.3V、1.8V、1.3V），发现 1.3V 电压为 0V；检测 1.3V 电压输出端，对地无明显短路现象；检测由降压块 N809（SY8123）（见图 5-36）及其外围元器件组成的 1.3V 电压形成电路，N809 的 2 脚有正常的 5V 输入电压，6 脚（使能控制）有正常的 1.8V 高电平，判断电源芯片 N809 损坏。

图 5-36　康佳液晶 LED55IS95D（2BOM）（MST6i78 +MST6M30RS 机芯）液晶彩电的 N809 相关电路部分截图

故障处理： 更换 N809 后，故障被排除。

> **提示：** 若无 N809，则可用与 N809（输出电流为 3A）参数相近的 SY8122（输出电流为 2A）进行更换；一般的更换原则是输出电流大的可以更换输出电流小的；反之，不可更换。

5.3　创维液晶彩电上门维修实战技巧

❓ 37. 机型和故障现象：创维 39E580F（8A08 机芯）液晶彩电，不能开机

维修过程： 上门后，拆开机壳，检测电源板 5V、12V、24V 供电均正常，排除电源板有问题的可能性；检测主板上的所有 DC/DC 电源变换电路芯片，发现 U403 的 5V 输出

电压仅为 2.9V；检测二极管 D9、滤波电容 C8 及电容 C9、C10 等 U403 的外围元器件，发现 C9 性能不良。创维 39E580F（8A08 机芯）液晶彩电主板相关电路部分截图如图 5-37 所示。

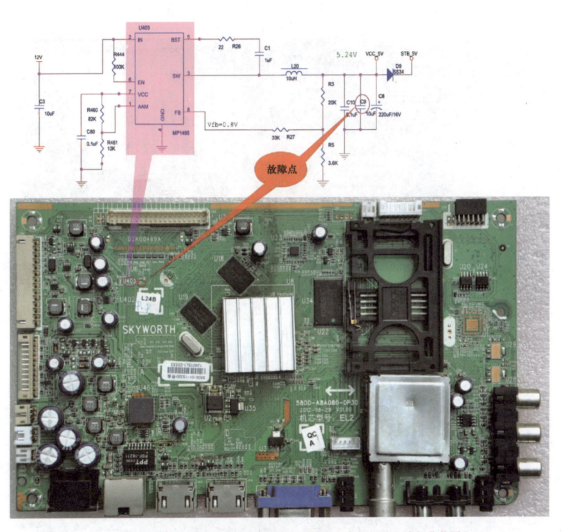

图 5-37 创维 39E580F（8A08 机芯）液晶彩电主板相关电路部分截图

故障处理：更换 C9 后，故障被排除。

提示：该机的主板型号为 5800-A8A080-0P30。

38. 机型和故障现象：创维 39E65SG（8M50 机芯）液晶彩电，不能开机

维修过程：上门后，检测电源板的各路电压，发现有+5V 电压，无+12V 电压和+24V

电压，PFC 电压仅为 320V，有开/待机电压；检测 Q5 的发射极，有 16～24V 电压；检测 PFC 控制器 IC3（FAN7930C）、电源模块 IC6（FSFR1700XSL）的 VCC 供电 16V 电压也正常，怀疑 PFC 工作异常导致无输出；经检测，故障原因为 IC3 外围电阻 R26（39kΩ）虚焊。创维 39E65SG（8M50 机芯）液晶彩电的电源板部分截图如图 5-38 所示。

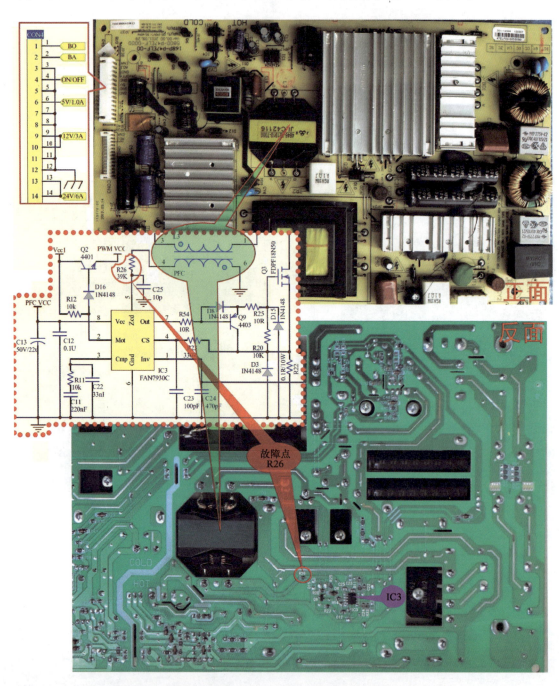

图 5-38　创维 39E65SG（8M50 机芯）液晶彩电的电源板部分截图

故障处理：重焊 R26 后，故障被排除。

> 提示：该机的电源板型号为 168P-P47ELF-00。

❓ 39. 机型和故障现象：创维 42E780U（8K93 机芯）液晶彩电，开机后，无声音，有图像

维修过程：上门后，首先连接扬声器，有"啪啪"的声音；然后检测数字音频功放的供电、总线、复位数字音频信号均正常；用手触摸功放 U15（AMP5711）很烫，说明功放部分有问题；检测功放 U15（AMP5711）及其外围元器件，发现电感 L38、L40 损坏。创维 42E780U（8K93 机芯）液晶彩电的功放电路部分截图如图 5-39 所示。

故障处理：更换电感 L38、L40 后，故障被排除。

> 提示：由电感 L36~L38、L40 损坏引起无声音的故障较常见。

❓ 40. 机型和故障现象：创维 42M11HM（8M20 机芯）液晶彩电，开机后，背光点亮，无图像，无字符

维修过程：上门后，检测液晶屏的供电电压，发现 12V 电压仅为 3.7V；断开液晶屏的供电排线，电压有所上升，怀疑液晶屏漏电；检测液晶屏的保险正常，电容、二极管、三极管也没有漏电现象；更换液晶屏，故障依旧，说明故障还在主板上（见图 5-40）；检测 12V 供电支路，贴片电容 C8 漏电，导致液晶屏的供电电压下降。

故障处理：更换 C8 后，故障被排除。

❓ 41. 机型和故障现象：创维 47E680F（8K55 机芯）液晶彩电，不能开机

维修过程：上门后，检测电源板的输出电压均正常；检测主板上的 DC/DC 电源转换电路 U21（MP1495），没有电压输出；检测 U21 及其外围元器件无异常；沿路检测，发现 Q31 损坏。创维 47E680F（8K55 机芯）液晶彩电的主板相关电路部分截图如图 5-41 所示。

故障处理：更换 Q31（2N3904）后，故障被排除。

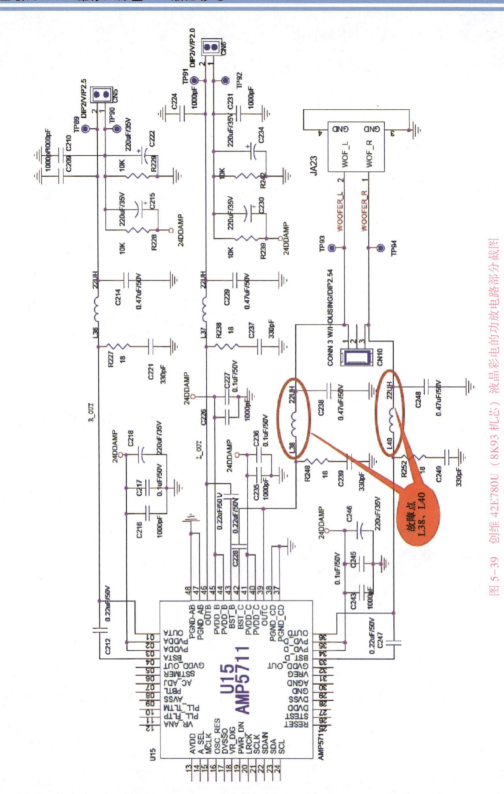

图5-39 创维42E780U（8K93机芯）液晶彩电的功放电路部分截图

第 5 章　互联网+APP 上门维修实战技巧

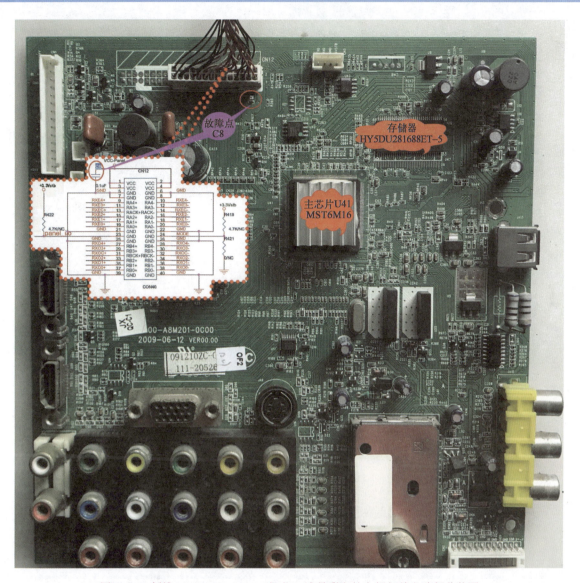

图 5-40　创维 42M11HM（8M20 机芯）液晶彩电的主板相关电路部分截图

? 42. 机型和故障现象：创维 47LED10（8K81 机芯）液晶彩电，背光亮，屏不亮

维修过程：上门后，检测 LVDS 有无 12V 电压输出；若有 12V 电压输出，则检测主芯片 U34 与 DDR 芯片 UD1 之间的排阻是否虚焊或脱焊；若排阻正常，则检测 120Hz 副板是否正常；若 LVDS 无 12V 电压输出，则检测 LVDS 的 12V 供电电路是否有虚焊、漏焊等；若正常，则检测 PPWR SW 是否为高电平，U31 及其外围电路是否有问题；经检测，故障原因为 U31 外围元器件 Q41 不良。创维 47LED10（8K81 机芯）液晶彩电主板（5800-A8K810

133

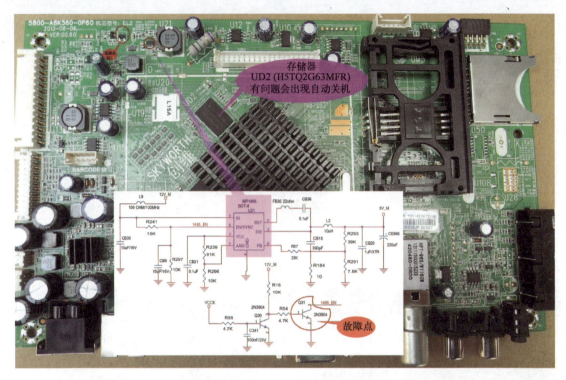

图 5-41 创维 47E680F（8K55 机芯）液晶彩电的主板相关电路部分截图

-0010）相关电路部分截图如图 5-42 所示。

故障处理：更换 Q41 后，故障被排除。

> 提示：主芯片输出的 LVDS 信号经过排阻送往逻辑板，当排阻损坏后，会使 LVDS 信号丢失，造成较常见的花屏故障。

❓ 43. 机型和故障现象：创维 50E510E（8S51 机芯）液晶彩电，不开机

维修过程：上门后，检测电源板的各组输出电压正常，排除电源板有问题的可能性；检测主芯片的供电、总线、复位及晶振正常；检测 DDR 与主芯片之间的排阻阻值正常；检测存储器 DDR U11/U12（软件处理）、DDR U9/U10（图像处理）等，发现 U11、U12 有问题。创维 50E510E（8S51 机芯）液晶彩电的主板（5800-A8R930-0P20）实物图如图 5-43 所示。

故障处理：更换 U11、U12 后，故障被排除。

图 5-42　创维 47LED10（8K81 机芯）液晶彩电主板（5800-A8K810-0010）相关电路部分截图

❓ 44. 机型和故障现象：创维 50E550D（8K50 机芯）液晶彩电，通电后，指示灯亮，但不能开机

维修过程：检修此类故障时，首先将机芯板与电脑连接，查看打印信息，发现无打印信息；检测芯片的供电电压都正常；连接串口工具，写入引导程序，但写入失败；检测主芯片 UM1（MT5501）的供电电压 正常；检测复位电路（QM1、QM2、QM3、CM57、CM55 等）、晶振 X1（27MHz），发现复位电路中的三极管 QM2、QM3 不良，造成 3.3V 复位电压偏低。创维 50E550D（8K50 机芯）液晶彩电的主板实物图与复位电路如图 5-44 所示。

故障处理：更换三极管 QM2、QM3 后，故障被排除。

> **提示**：与复位电路有关的还有一个 U1（AS2930-33），当其损坏时，也会造成复位电压偏低。

图 5-43 创维 50E510E（8S51 机芯）液晶彩电的主板（5800-A8R930-0P20）实物图

45. 机型和故障现象：创维 50E6200（8H84 机芯）液晶彩电，通电后，面板指示灯不亮，无光，无声

维修过程：上门后，通电检测电源板有 5V 待机电压输出，无 +12V 和 +24V 电压输出；检测电源板连接器的开/关机控制引脚，有高、低电压变化，判断故障发生在电源板（见图 5-45）；检测 IC1（TEA1716T）的 2 脚（AC 电压检测输入端，外接分压电阻）2.6V 电压正常，12 脚（SUPHV1，内部高压启动源，高压输入端）电压正常，17 脚（半桥谐振过流保护端）电压异常；经检测，故障原因为外围电容 C32（103）损坏。

故障处理：更换 C32（103）后，故障被排除。

> **提示**：该机电源板的型号为 168P-P6L017-01，工作过程为：220V 交流电压经 EMI 滤波、桥式整流滤波后送往主电源电路，主电源电路开始工作，即 PFC 电路工作正常，得到 380V 的 PFC 供电，LLC 电源电路工作正常，得到 +12V、+24V 供电。其中，+24V 为背光电路供电，+12V 为主板电路供电。IC10、IC7 及其外围元器件可组成待机控制电路，控制 IC1（TEA1716T）工作、待机、不工作。

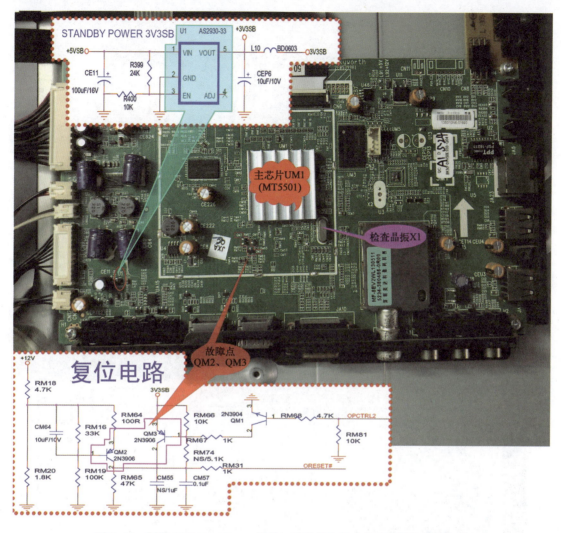

图 5-44　创维 50E550D（8K50 机芯）液晶彩电的主板实物图与复位电路

❓ 46. 机型和故障现象：创维 55E390E（9R20 机芯）液晶彩电，开机后，有图像，无伴音

维修过程：上门后，连接所有的信号源进行测试，没有声音；检测音频功放 U0A1（TPA3113D2）的供电及静音电路均正常；检测音频功放 U0A1 及其外围元器件也正常；沿路检测，发现主芯片 U2（RTD2982）内部有问题。创维 55E390E（9R20 机芯）液晶彩电主板相关电路部分截图如图 5-46 所示。

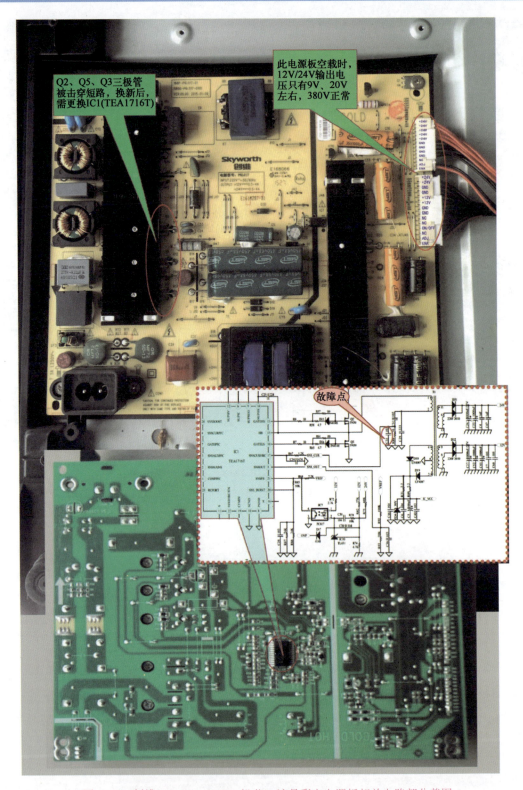

图 5-45 创维 50E6200（8H84 机芯）液晶彩电电源板相关电路部分截图

第 5 章　互联网+APP 上门维修实战技巧

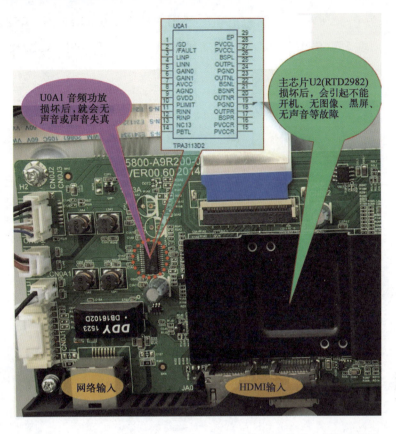

图 5-46　创维 55E390E（9R20 机芯）液晶彩电主板相关电路部分截图

故障处理：更换主芯片 U2 后，故障被排除。

> **提示**：该机的音频功放采用 TPA3113D2。它是一款由 TI 公司生产的 6W 高效 D 类（模拟）音频功放集成电路，1 脚为使能控制端（可关断左、右声道的音频信号输出端），4 脚为静音控制端（可关断左、右声道的音频信号输入端），5、6 脚为左、右声道音频信号增益输入端，8、9 脚为模拟、数字电路接地端，18、20、23、25 脚为左、右声道（H 桥）功率输出接地端。

❓ 47. 机型和故障现象：创维 55E6000（8H83 机芯）液晶彩电，通电后，红灯能亮，但马上熄灭，不能开机，有时在通电多次后能正常工作

维修过程：上门后，检测电源板各路输出电压，在开机瞬间有 12V 电压，然后慢慢降到 0V；拆下电源板，短路待机三极管后，试机，故障依旧；检测 PFC 电压为 390V，正常，怀疑故障是由前级 IC100 引起的过压或过流保护；检测 IC100 的相关电路，5 脚电

压偏高（正常为 0~2.8V）；检测 IC100 的外围 R49、R50、R52 等，R52 的阻值只有 800kΩ 左右。创维 55E6000（8H83 机芯）液晶彩电电源板（168P-L5L018-00）相关电路部分截图如图 5-47 所示。

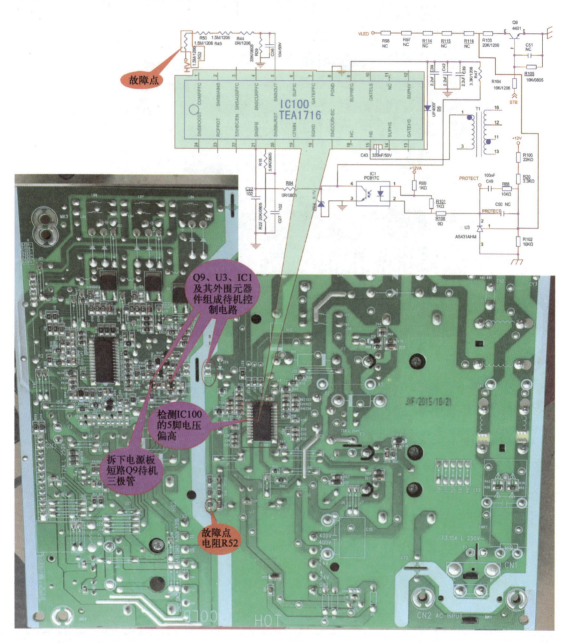

图 5-47　创维 55E6000（8H83 机芯）液晶彩电电源板（168P-L5L018-00）相关电路部分截图

故障处理：更换 R52 电阻后，故障被排除。

> 提示：由 Q9、U3、IC1 及其外围元器件组成待机控制电路，控制 IC100 工作、待机、不工作。

❓ 48. 机型和故障现象：创维 55E680F（8K55 机芯）液晶彩电，不能开机

维修过程：上门后，检测电源板各路电压均正常，故应重点检测主板；检测主板上的主芯片 UM1（MT5501）各供电电压是否正常；检测复位电路（Q56、Q57、Q24、CM83、CEA13、R274、R273 等）、晶振 X1 是否有问题；检测主芯片内部是否存在短路；检测 U12（转换为 3.3V 给功率放大器、EMMC、EEPROM、SD 卡等供电）及其外围元器件（CB41、RW2、CM50 等）是否有问题；经检测，故障原因为电容 CB41 有问题，造成 3.3V 电压失常。创维 55E680F（8K55 机芯）液晶彩电的 U12 相关电路与主板（5800-A8K560-0P40）实物图如图 5-48 所示。

故障处理：更换电容 CB41 后，故障被排除。

❓ 49. 机型和故障现象：创维 55E710U（9R15 机芯）液晶彩电，不能开机

维修过程：上门后，检测主芯片 U2（RTD2995D）的各路供电电压，有+3.3V_STB 电压，无 D2V5、USB_5V、D3V3 电压；检测 D3V3 电路（USB_5V 受控于 D3V3，+3.3V_STB 电压通过 Q21 后输出 D3V3）的 U1（MP1494DJ-LF-Z）、Q21、Q22 等，Q22 的集电极输出低电平，Q21 的集电极输出 3.3V 的高电平（正常应为低电平）；经检测，故障原因为 Q21 外围电路的电容 C106 漏电。创维 55E710U（9R15 机芯）液晶彩电的主板（5800-A8R991-0P20）实物图和 D3V3 电路部分截图如图 5-49 所示。

故障处理：更换电容 C106 后，故障被排除。

> 提示：该机主板待机信号控制的电压路数较多，要逐一检查是否都正常。

❓ 50. 机型和故障现象：创维 55E710U（9R15 机芯）液晶彩电，按开机键无反应

维修过程：上门后，检测电源板各路输出电压均正常；检测主芯片 U2（RTD2995D）

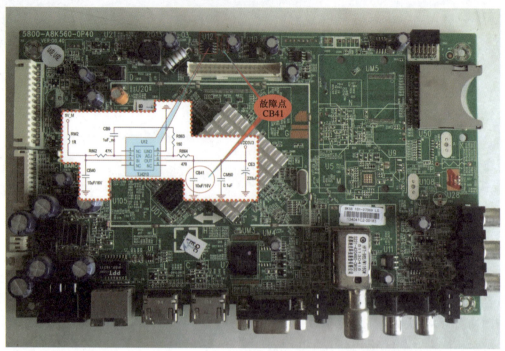

图 5-48　创维 55E680F（8K55 机芯）液晶彩电的 U12 相关电路与主板（5800-A8K560-0P40）实物图

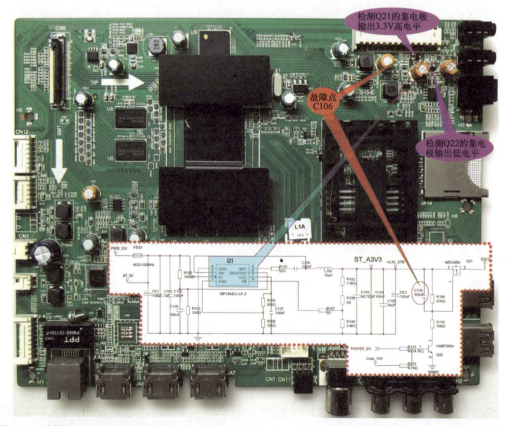

图 5-49　创维 55E710U（9R15 机芯）液晶彩电的主板（5800-A8R991-0P20）实物图和 D3V3 电路部分截图

的各路供电电压，+3.3V_STB 电压正常；按开机键后（POWER_EN 输出高电平，Q22、Q21 应导通），检测 Q22、Q21 均未导通，Q21 的栅极为高电平（正常应为低电平）；经检测，故障原因为 Q22 的基极电阻 R111（4.7kΩ）开路。创维 55E710U（9R15 机芯）液晶彩电主板实物图及相关电路部分截图如图 5-50 所示。

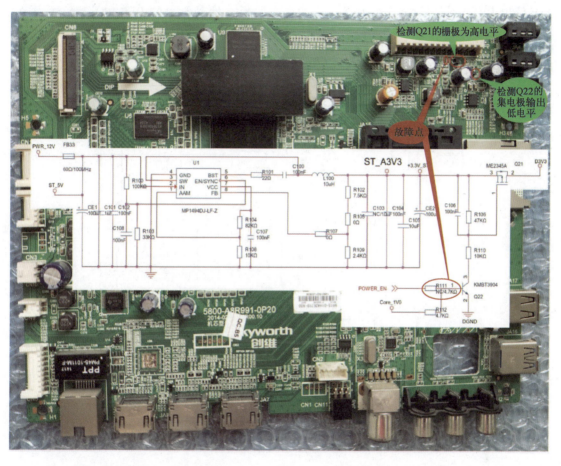

图 5-50　创维 55E710U（9R15 机芯）液晶彩电主板实物图及相关电路部分截图

故障处理：更换 R111 后，故障被排除。

> **提示**：该机的 USB_5V 受控于 D3V3，+3.3V_STB 通过 Q21 后输出 D3V3。开机信号 POWER_EN 通过 R111 送到 Q22 的基极，使 Q22 导通，控制 Q21 的导通和截止。

51. 机型和故障现象：创维 55L09RF（52TTN 电源板）液晶彩电，通电后，不能开机

维修过程：上门后，检测 300V、380V、5V、12V、24V 电压是否正常；检测副电源

（C100 的两端与 D101 的负极有否 300V 电压）是否正常；检测 PFC 电路中的驱动管 Q100/Q101、缓冲放大管 Q102、反峰电压放电管 Q103 是否有问题；检测 PFC 电路中的 IC100（NCP-1653）及其外围元器件（C103、C104、C105、Q100、Q101、D101、D102 等）是否有问题；经检测，故障原因为电容 C105 短路，造成 B+PFC（380V）、12V、24V 输出电压失常。创维 55L09RF（52TTN 电源板）液晶彩电的 PFC 电路部分截图如图 5-51 所示。

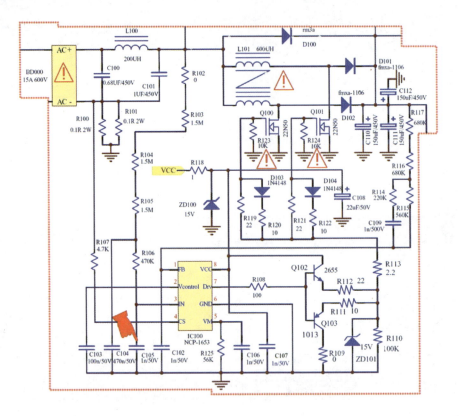

图 5-51　创维 55L09RF（52TTN 电源板）液晶彩电的 PFC 电路部分截图

故障处理：更换电容 C105 后，故障被排除。

❓ 52. 机型和故障现象：创维 55LED10（8K81 机芯）液晶彩电，不能开机，有时能开机，但屏闪几下就灭

维修过程：上门后，检测电源板（168P-P42TTT-01，见图 5-52）的各路供电电压，在屏闪几下就灭时，5V 电压正常，12V 和 24V 电压在刚通电几秒时正常，随后无电压，PFC 电压为 310~360V，怀疑故障在 PFC 电路中；检测 PFC 电路的供电电压为 11~14V；断

开14V供电的负载后，检测14V电压正常；单独连接PFC电路，开机，检测PFC电压为380V，正常，说明PFC电路无问题；检测24V、12V的DC/DC转换电路，Q8（12N50）漏电，U5（SSC9512）损坏。

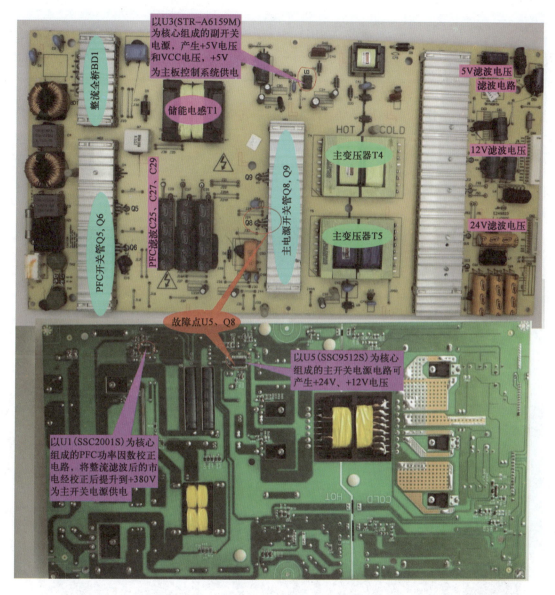

图5-52　创维55LED10（8K81机芯）液晶彩电电源板（168P-P42TTT-01）实物图

故障处理：更换Q8（12N50）、U5（SSC9512）后，故障被排除。

提示：该机的电源板由三部分组成：第一部分是以U1（SSC2001S）为核心组成

的 PFC 功率因数校正电路；第二部分是以 U3（STR-A6159M）为核心组成的副开关电源；第三部分是以 U5（SSC9512S）为核心组成的主开关电源。开/关机电路采用 PFC 和主电源驱动电路的 VCC 供电方式。

❓ 53. 机型和故障现象：创维 55LED10（8K81 机芯）液晶彩电，开机后，工作正常，但按操作键后，菜单项目来回跳动

维修过程：上门后，检测按键是否漏电，如果取下遥控器的电池后故障依旧，则故障可能为液晶彩电的面板按键漏电；换一个键控板，若正常，则检测主板键控接口电路；经检测，故障原因为主板键控接口电路中的 D10、D12、D13 不良。创维 55LED10（8K81 机芯）液晶彩电主板（5800-A8K810-0010）实物图如图 5-53 所示。

图 5-53　创维 55LED10（8K81 机芯）液晶彩电主板（5800-A8K810-0010）实物图

故障处理：更换 D10、D12、D13 后，故障被排除。

54. 机型和故障现象：创维 55x5（9R20 机芯）液晶彩电，不能开机

维修过程：上门后，拆开机壳，检测电源板上的各路输出电压均正常；检测主板的各路供电，12V 到 3.3V 变换芯片 UOP1（MP1470）的 3.3V 输出电压仅为 1.75V；检测电感 FBOP2 的两端电压，一端为 12V，另一端为 2.2V；检测电容 C1P11，不短路；经检测，故障原因为电感 FBOP2 断路。创维 55x5（9R20 机芯）液晶彩电主板部分截图如图 5-54 所示。

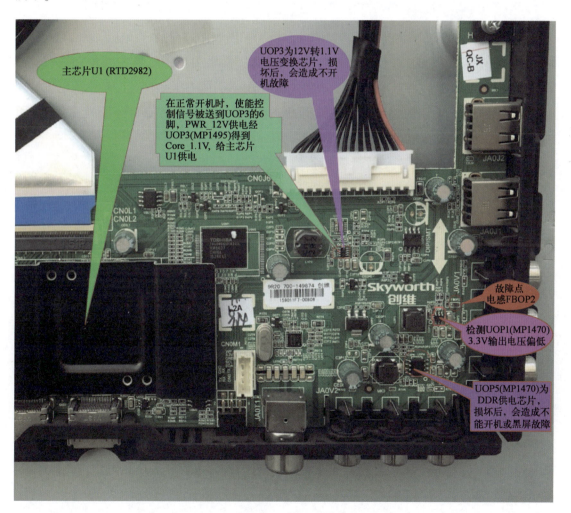

图 5-54　创维 55x5（9R20 机芯）液晶彩电主板部分截图

故障处理：更换电感 FBOP2 后，故障被排除。

> 提示：9R20 机芯采用 12V 单电源输入；电源板为主板提供 12V 供电电压；PWR_12V 经 UOP1 稳压后得到 D3V3，给 U1 中的 CPU 供电；12V 电压经 UOP3（MP1495）稳压后得到 1.1V，给 U1 内核供电；12V 电压经 UOP4 变压后，为 USB、MHL、WIFI 等电路供电；12V 电压经 UOP5 稳压后，得到 1.5V 电压，给 DDR 供电；12V 电压给数字音频功放 UOA1 供电；D5V 经 UOP2 稳压后得到 3.3V 电压，给高频头供电。

❓ 55. 机型和故障现象：创维 60G7200（8H87 机芯）液晶彩电，开机三无，指示灯不亮

维修过程：上门后，拆开机壳，检测电源板（见图 5-55）的各路电压，无 24V、12V 输出，PFC 电压仅为 300V，说明 PFC 电路没有工作；检测 PFC 开关管 Q3（12N50）正常；检测 PFC+PWM 二合一控制芯片 IC1（TEA1716T）相关引脚电压，2 脚（AC 输入电压检测端）电压正常，9 脚（输出参考电压）电压比正常值 11.3V 偏低较多；经检测，故障原因为外围滤波电容 C23 漏电。

故障处理：更换 C23 后，故障被排除。

> 提示：该机采用 PFC+PWM 二合一控制芯片 TEA1716T。其工作电压由市电经整流滤波后提供，经内部电压基准电路从 9 脚输出参考电压。若 PFC 电路不工作或工作异常，则可先检测工作条件，包括各种保护是否动作。由于该机的 PFC 电路在开机瞬间就不能工作，因此排除 PFC 电路输出过流、过压保护的可能性，应重点检测开机欠压保护和开机瞬间的供电。若均正常，则为 TEA1716T 内部损坏。

❓ 56. 机型和故障现象：创维 60V8E（8A20 机芯）液晶彩电，背光不亮

维修过程：当电源电路、背光 ON/OFF 和调光信号电路、保护电路、LED 灯条电路有问题时，均会引起背光不亮的故障。上门后，检测主板供电电压正常、背光控制信号电压正常；检测背光电路中的 U1（OZ9903）及其外围元器件，电容 C95 漏电。创维 60V8E（8A20 机芯）液晶彩电电源背光一体板（168P-L5L01F-00）（反面）如图 5-56 所示。

故障处理：更换 C95 后，故障被排除。

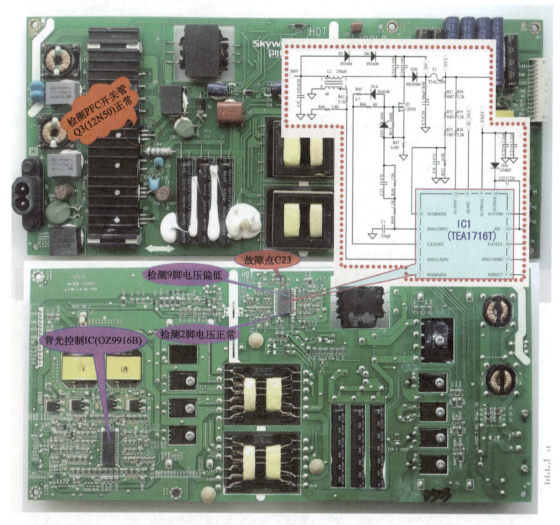

图 5-55 创维 60G7200（8H87 机芯）液晶彩电电源板相关电路部分截图

❓ 57. 机型和故障现象：创维 65E790U（8S09 机芯）液晶彩电，背光灯亮，黑屏

维修过程：由于该机的背光灯亮，因此排除电源电路、背光驱动电路有问题的可能性；检测逻辑板电路，无 12V 电压；检测 U1306（STM9435）、Q1305、Q1304 等元器件，U1306 的 12V 输入电压正常，各引脚阻值异常，判断 U1306 已损坏。创维 65E790U（8S09 机芯）液晶彩电的 U1306 供电开关控制电路如图 5-57 所示。

故障处理：更换 U1306（STM9435）后，故障被排除。

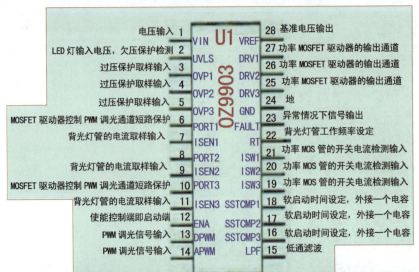

图5-56 创维60V8E(8A20机芯)液晶彩电电源背光一体板(168P-L5L01F-00)(反面)

提示：该机芯液晶彩电屏供电开关控制电路的工作过程：当 U1304（MSD6M40）的 AA29 脚送来开机信号（低电平）时，Q1305 截止，Q1304 导通，U1306（STM9435）的 4 脚因低电平而导通，+12V_Normal 经过 U1306 输出 VCC-PANEL，给液晶屏供电。

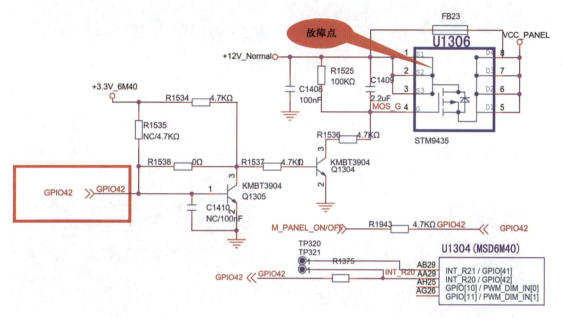

图 5-57　创维 65E790U（8S09 机芯）液晶彩电的 U1306 供电开关控制电路

58. 机型和故障现象：创维 65E810U（8K93 机芯）液晶彩电，开机黑屏，背光亮

维修过程：当屏供电、逻辑板有问题时均会造成此故障。上门时，检测屏供电 12V 电压仅为 7.5V 左右，该机屏供电 12V 电压是由 U16（AP9435）提供的；检测 U16 及其外围元器件（R280、C267、R285、C264 等），R280 变值。创维 65E810U（8K93 机芯）液晶彩电主板（5800-A8K930-0P50）实物图和 U16 相关电路如图 5-58 所示。

故障处理：更换 R280 后，故障被排除。

59. 机型和故障现象：创维 65S9300（8S87 机芯）液晶彩电，不能开机，指示灯也不亮

维修过程：上门后，检测电源板的各路供电电压，5V 供电电压正常，待机控制 STB 电

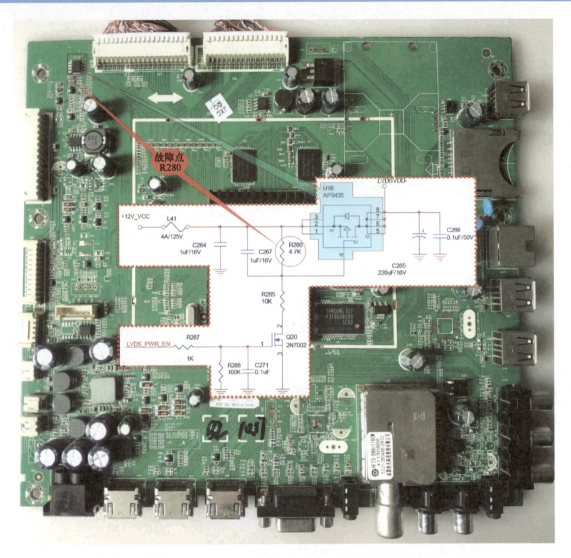

图 5-58 创维 65E810U（8K93 机芯）液晶彩电主板（5800-A8K930-0P50）实物图和 U16 相关电路

压 1.5V 正常，无 12V 和 24V 输出电压；检测负载电路无短路现象，判断故障在电源板（见图 5-59）；检测 PFC 电压为 380V，正常，VCC 电压为 18V，正常，排除 PFC 功率因数校正电路和副电源电路有问题的可能性，应重点检测主电源电路；检测主电源电路 IC1（FSFR1700XSL）的相关引脚电压，1 脚有 380V 电压，7 脚电压偏低（正常为 18V）；经检测，故障原因为 Q11（2SC2655）不良。

故障处理：更换 Q11（2SC2655）后，故障被排除。

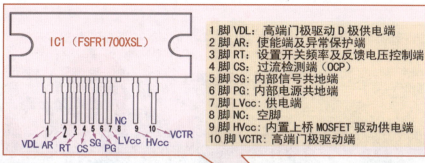
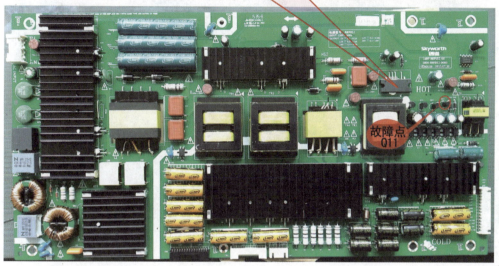

图 5-59　创维 65S9300（8S87 机芯）液晶彩电电源板（168P-R8F052-00）实物图

❓ 60. 机型和故障现象：创维 65S9300（8S87 机芯）液晶彩电，通电后，指示灯亮，不能开机

维修过程：上门后，察看主板（见图 5-60）上有无元器件脱落、被烧坏等；若无，则检测主板上所有 DC/DC 转换电路的输入、输出电压是否正常；若正常，则检测 U100（MSD6A928）复位电路、晶振是否有问题；若正常，则检测 I^2C 总线电路上的其他电路是否有问题；经检测，故障原因为晶振 XOR1 不良，引起 U100 不工作。

故障处理：更换晶振 XOR1 后，故障被排除。

> **提示**：液晶彩电不能开机的故障较普通，涉及原因较多，有的涉及开关电源，有的涉及主板控制系统、时钟振荡电路、复位电路、程序 FLASH 块、DDR 及软件。

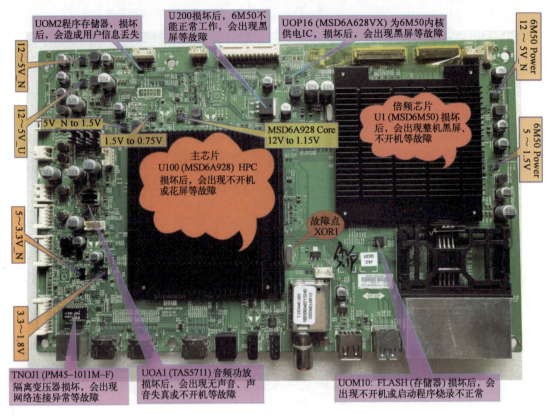

图 5-60 创维 65S9300（8S87 机芯）液晶彩电主板（5800-A8S870-0P20）实物图

5.4 海尔液晶彩电上门维修实战技巧

❓ 61. 机型和故障现象：海尔 D55TS7201（RTD2984 机芯）液晶彩电，无声音

维修过程：上门后，检测功率放大器 U12（APA2619）的 1 脚（低电平为静音，高电平为开启）PVCC 12V 供电电压是否正常；检测 3、12 脚是否有从主芯片输入的功率放大信号；检测功率放大器及外围元器件是否正常；检测主芯片是否良好；经检测，故障原因为功率放大器 U12 有问题。海尔 D55TS7201（RTD2984 机芯）液晶彩电的 U12 相关电路及实物图如图 5-61 所示。

第 5 章　互联网+APP 上门维修实战技巧

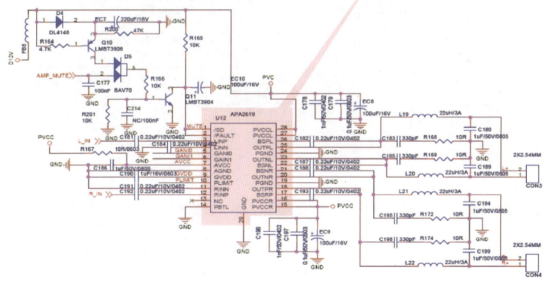

图 5-61　海尔 D55TS7201（RTD2984 机芯）液晶彩电的 U12 相关电路及实物图

故障处理：更换 U12 后，故障被排除。

? **62. 机型和故障现象：海尔 LE46M300P（MSD6I988 机芯）液晶彩电，有图像，无声音**

维修过程：上门后，首先确定液晶彩电是输入 TV 信号无伴音，还是输入任何信号均无伴音，将液晶彩电分别置于 AV 和 VGA 状态，若输入 AV 信号和 VGA 信号时均无伴音，则说明故障在伴音信号的公共通道电路中；检测扬声器是否插好；检测液晶彩电是否处在静音状态；检测功率放大器 U39（TAS5707A）及其外围元器件是否有问题；经检测，故障原因为功率放大器 U39（TAS5707A）有问题。海尔 LE46M300P（MSD6I988 机芯）液晶彩电的 U39 及其外围元器件如图 5-62 所示。

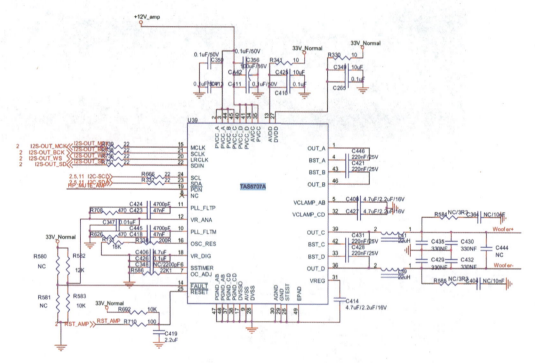

图 5-62　海尔 LE46M300P（MSD6I988 机芯）液晶彩电的 U39 及其外围元器件

故障处理：更换功率放大器 U39（TAS5707A）后，故障被排除。

? **63. 机型和故障现象：海尔 LE48A7000（MSD6I881 机芯）液晶彩电，不能开机，指示灯亮**

维修过程：上门后，检测开机电压 4.5V、屏供电电压 12V 是否正常；检测机芯板上的各部分供电电压（VDDC、NOYMAI、FLASH、DDR）是否正常；检测软件是否有问题（软件升级或刷新 FLASH 存储程序）；检测主芯片 U100（MSD6I881）及其外围的时钟振荡电路、复位电路、FLASH 存储器是否有问题；经检测，故障原因为主芯片 U100 本身有问题。海尔 LE48A7000（MSD6I881 机芯）液晶彩电主板实物图如图 5-63 所示。

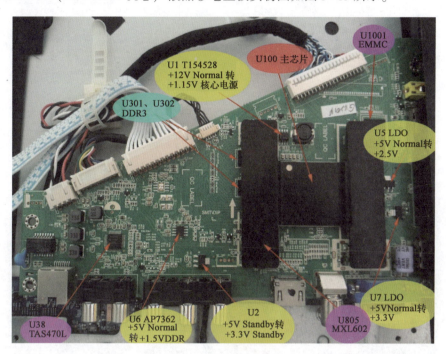

图 5-63　海尔 LE48A7000（MSD6I881 机芯）液晶彩电主板实物图

故障处理：更换 U100 后，故障被排除。

64. 机型和故障现象：海尔 LE55KCA1（6M48 机芯）液晶彩电，无台

维修过程：上门后，检测高频头的供电电压是否正常（正常值为 5V）；检测 U46（LM7805）是否有电压输出；检测 U46 及其外围元器件是否有问题；检测高频头（F21CT-2DK-E）是否有问题；经检测，故障原因为 U46（LM7805）有问题。海尔 LE55KCA1（6M48 机芯）液晶彩电的 U46（LM7805）和高频头相关电路如图 5-64 所示。

故障处理：更换 U46 后，故障被排除。

65. 机型和故障现象：海尔 LU52T1（GCZ）液晶彩电，无信号

维修过程：上门后，检测高频头的 5V 供电电压、输出电压、总线电压是否正常；检测图像解码芯片是否有信号输入；检测主芯片 U39（MST6M69L-LF）的供电、晶振、总线是

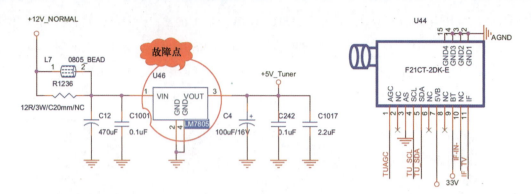

图 5-64 海尔 LE55KCA1（6M48 机芯）液晶彩电的 U46（LM7805）和高频头相关电路

否正常；检测主芯片 U39（MST6M69L-LF）是否有问题；经检测，故障原因为主芯片 U39（MST6M69L-LF）有问题。海尔 LU52T1（GCZ）液晶彩电的主板实物图如图 5-65 所示。

图 5-65 海尔 LU52T1（GCZ）液晶彩电的主板实物图

故障处理：更换 U39（MST6M69L-LF）后，故障被排除。

> 提示：主芯片 U39 内含 VIDEO 解码器、倍频器、LCDS 输出及 3D 降噪、色彩增强、运动图像补偿等图形处理模块，采用 1.2V 电压供电。

? 66. 机型和故障现象：海尔 K47U7000P（MSD6A801 机芯）液晶彩电，自动关机，关机后不能用遥控器二次开机，但按交流开关重新开/关一次后，能二次开机

维修过程：上门后，检测 PFC 功率因数校正电路 IC150（FAN7530）无电压输出；检测 VLED 电压形成电路 IC103（TEA1733）也无电压输出，怀疑保护电路有问题；为了区分是由背光驱动电路引起的主电源保护，还是主电源本身有问题，试脱开背光输出电路中的 D850、D851，故障依旧，排除背光驱动或 LED 灯电路有问题的可能性；检测由三极管 Q850、Q851 等元器件组成的电源保护电路，Q851 不良。海尔 K47U7000P（MSD6A801 机芯）液晶彩电相关电路部分截图和电源板（0094003794N）实物图如图 5-66 所示。

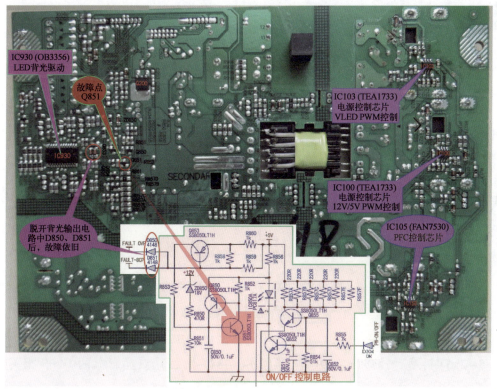

图 5-66 海尔 K47U7000P（MSD6A801 机芯）液晶彩电相关电路部分截图和电源板（0094003794N）实物图

故障处理：更换 Q851 后，故障被排除。

> **提示**：该机的电源保护电路由 Q850、Q851 复合组成模拟单向晶闸管保护电路，电源板 12V 电压过高时，击穿 ZD850，Q851 导通，Q851 的集电极电压降低，Q850 导通，Q850 的集电极输出高电平到 Q851 的基极；另一路 LED 电路保护电路通过隔离二极管 D850、D851 的输出控制 Q853，当 LED 背光驱动电路出现过压供电、输出过流时，二极管 D851 或 D850 导通，Q853 导通，输出高电平到 Q851；第三路为 OVP 过压保护电路，检测 IC930（OB3356）的 23 脚，VLED 主电源电压经电阻分压，如果过高，23 脚就会变为低电平，二极管 D850 导通，主电源就会出现强制待机状态，切断 VLED 主电源，保护 LED 灯珠不被损坏。

❓ 67. 机型和故障现象：海尔 K70H6000S（MSD6A918+6M40 机芯）液晶彩电，不能开机

维修过程：上门后，二次开机，检测机芯板 CN1 的 7 脚有 5V 待机电压，10 脚（机芯板送往电源板的开/待机电压，正常时，应由低电平变为高电平 4.5V）电压失常，说明故障在机芯板上；检测主板（见图 5-67）上的元器件，无明显异常（如 IC 外观颜色异常、开裂，电容鼓包、脱落等）；检测主芯片 U100 的供电电压正常，U1001 的供电脚电压失常；经检测，故障原因为 U1001 不良。

故障处理：更换 U1001 后，故障被排除。若更换后，有图像，但花屏，则需进行升级处理。

> **提示**：更换时必须带数据芯片。

❓ 68. 机型和故障现象：海尔 LD49U9000（MSD6I881 机芯）液晶彩电，自动关机、死机，待机后不能开机

维修过程：上门后，检测 12V、5V、3.3V 供电电压是否正常；检测主芯片 U9、U205、U2 的供电电压是否正常；检测 U103 相关引脚的电压是否正常；检测 U205 是否有问题；经检测，故障原因为 U205 有问题，引起 U103 的 1 脚电压失常（正常值为 1.5~2.5V 抖动）。海尔 LD49U9000（MSD6I881 机芯）液晶彩电的 U205 相关电路如图 5-68 所示。

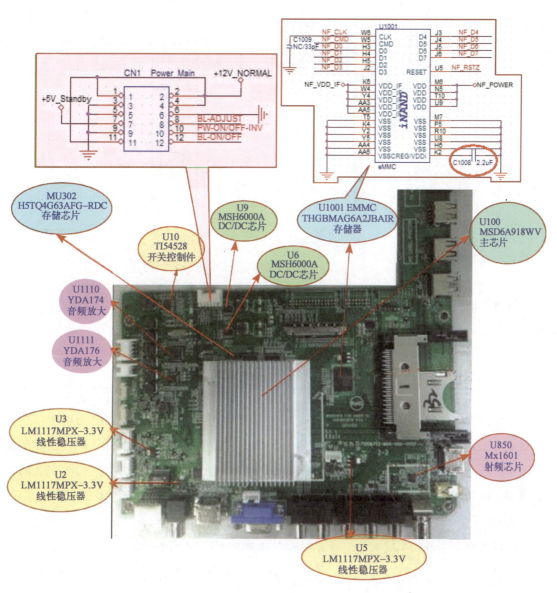

图 5-67　海尔 K70H6000S（MSD6A918+6M40 机芯）液晶彩电主板实物图和相关电路部分截图

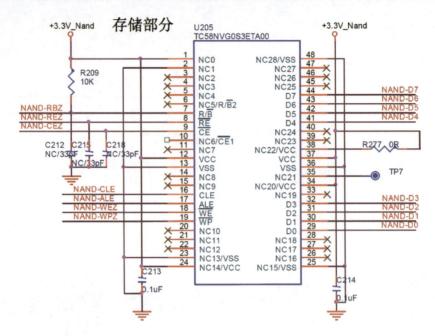

图 5-68　海尔 LD49U9000（MSD6I881 机芯）液晶彩电的 U205 相关电路

故障处理：更换 U205 的 FLASH 存储器并进行升级处理。更换时必须带数据芯片。

❓ 69. 机型和故障现象：海尔 LD49U9000（MSD6I881 机芯）液晶彩电，无声音

维修过程：上门后，检测扬声器是否有问题；检测功率放大器 U38（TAS5707L）是否存在虚焊、连焊；检测功率放大器 U38（TAS5707L）的 12V 供电电压及 MCLK、SCLK 等是否正常；检测 U38 及其外围元器件是否有问题；经检测，故障原因为功率放大器 U38 的引脚虚焊。海尔 LD49U9000（MSD6I881 机芯）液晶彩电的主板实物图和 U38 相关电路如图 5-69 所示。

故障处理：重焊功率放大器 U38（TAS5707L）的引脚后，故障被排除。

> **提示**：功率放大器的故障表现是扬声器没有声音。检修时，首先确保功率放大器本身没有虚焊、连焊；其次分析是否有其他的硬件故障，如 12V 供电电压是否正常、左右声道是否有输出；最后检测 MCLK、SCLK 等是否正常。

❓ 70. 机型和故障现象：海尔 LD50U3200 液晶彩电，不能开机

维修过程：上门后，拆开机壳，检测电源板上的保险管 F102 已开路，380V 滤波电容

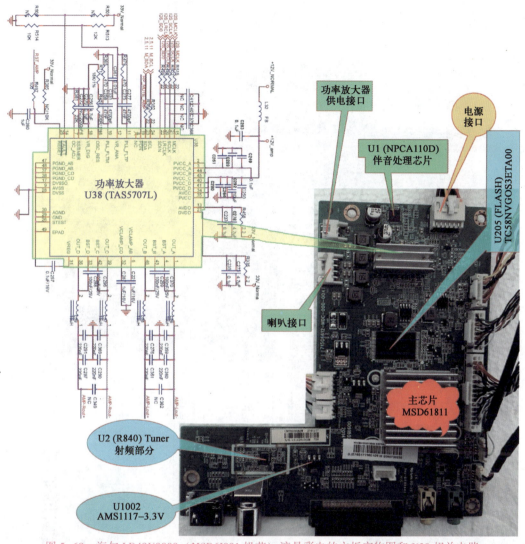

图 5-69　海尔 LD49U9000（MSD6I881 机芯）液晶彩电的主板实物图和 U38 相关电路

EC101~EC103 均已鼓包；更换保险 F102 和 EC101~EC103 后，试机，PFC 电压为 375V，正常，能开机正常工作，但工作一段时间后，故障依旧，怀疑电源板上有热稳定性不良的元器件；再次更换损坏的元器件，在检测 PFC 电压的同时用热风枪对 PFC 电路中的元器件逐个加热，当加热到 PFC 电压取样电阻 R102、R107、R112 时，PFC 电压开始上升；经检测，故障原因为 R102、R107、R112 阻值变大。海尔 LD50U3200 液晶彩电的电源板实物图及相关电路部分截图如图 5-70 所示。

故障处理：更换 R102、R107、R112 电阻后，故障被排除。

提示：当 PFC 芯片 U102（FAN7930）性能不良时也会出现此故障，因此在检修此类故障时，最好将 U102 一起更换，以免返修。

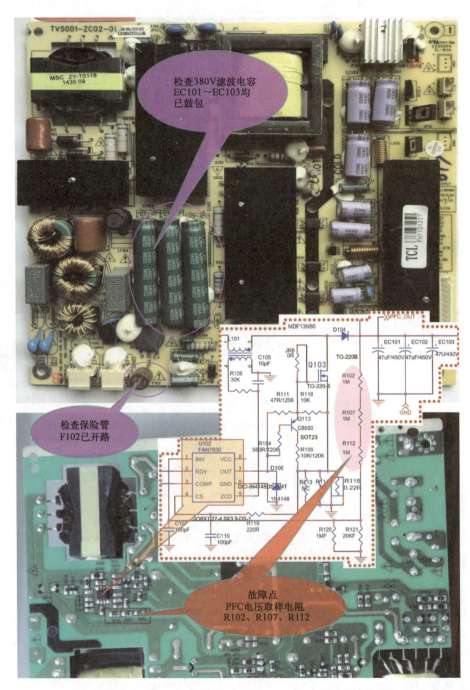

图 5-70 海尔 LD50U3200 液晶彩电的电源板实物图及相关电路部分截图

? 71. 机型和故障现象：海尔 LE32Z300（MST6M181 机芯）液晶彩电，不能开机

维修过程：上门后，检测机芯板上 CN18 的 7 脚有 5VSTB 电压，10 脚电压不能由低电平变为高电平 4.5V，说明故障在机芯板上；检测 12V、5V、3.3V 供电电压正常；检测主芯片 U10（MST6M181VS）、存储器 U11（MX25L3205E）、U29（DDR-SDRAM）的供电电压正常；检测主芯片的时钟振荡电路和复位电路正常；检测存储器 U11，1 脚电压为 3.3V（正常值为 1.5~2.5V 抖动），怀疑 U11 芯片为写保护状态；更换 U11 的 FLASH 存储器后，故障消失。海尔 LE32Z300（MST6M181 机芯）液晶彩电机芯板（0091802241）及相关电路部分截图如图 5-71 所示。

故障处理：更换 U11 后，故障被排除，有图像，但花屏，需要进行升级处理。更换时必须带数据芯片。

? 72. 机型和故障现象：海尔 LE32Z300（MST6M181 机芯）液晶彩电，遥控失灵

维修过程：上门后，更换遥控器的电池，故障依旧；检查遥控器没有受潮或脏污现象，遥控器按键触点正常；拆机检查遥控接收板的插件没有松动现象；检测遥控接收头的供电电压 5V 仅为 0.48V；拔掉遥控接收板到机芯板的插件，5V 电压正常；检测遥控接收头 5V 供电端的对地阻值，只有 10Ω；经检测，故障原因为电容 C3 失效。海尔 LE32Z300（MST6M181 机芯）液晶彩电遥控接收板如图 5-72 所示。

故障处理：更换电容 C3 后，故障被排除。

? 73. 机型和故障现象：海尔 LE40B510X 液晶彩电，开机十几分钟后，黑屏，伴音正常，随后关机；冷却半小时后，开机能工作，但不久故障重现

维修过程：上门后，检测恒流控制芯片 UB801（OB3350CP）的 1 脚（VIN 电源输入端）12V 电压、8 脚（PWM-DIM 调光控制端）电压正常；检测 UB801 的 7 脚（OVP 过压保护端）电压在故障出现时高于 2V，说明背光供电过压保护已启动；将热风枪的输出温度调为 100℃，逐个加热恒流部位的相关元器件，OVP 过压保护电路的取样电阻 RB814（510kΩ）的阻值随着温度的升高明显变小，判断 RB814 热稳定性差。海尔 LE40B510X 液晶彩电的主板（TP.VST69D.PB83）及相关电路部分截图如图 5-73 所示。

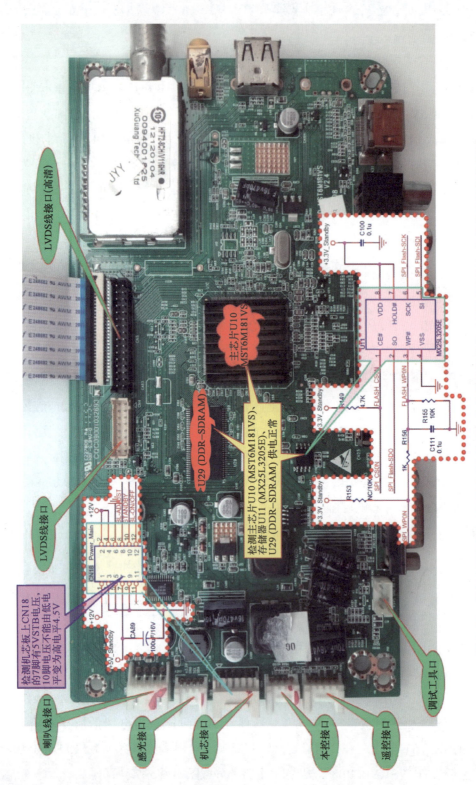

图 5-71 海尔 LE32Z300（MST6M181 机芯）液晶彩电机芯板（0091802241）与相关电路部分截图

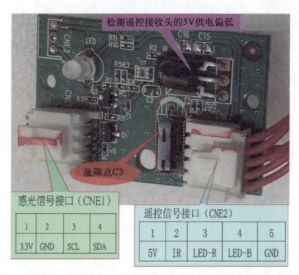

图 5-72　海尔 LE32Z300（MST6M181 机芯）液晶彩电遥控接收板

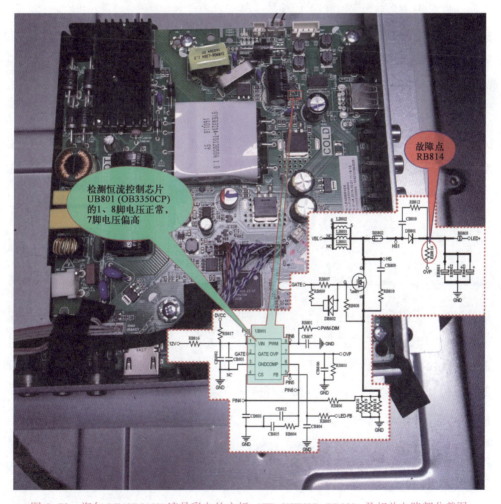

图 5-73　海尔 LE40B510X 液晶彩电的主板（TP.VST69D.PB83）及相关电路部分截图

故障处理：更换 RB814 后，故障被排除。

> **提示**：液晶彩电在工作一段时间后才出现故障，说明机器内部发热后，OVP 保护电路的检测电压升高。

74. 机型和故障现象：海尔 LE50B5000W（MSD6A628VX-XZ 机芯）液晶彩电，开机后，指示灯亮，但液晶屏不亮，按遥控器，指示灯能变换为工作状态

维修过程：上门后，检测端子 ON/OFF 和 DIM 的电压正常，判断故障发生在 LLC 谐振电路（背光输出）中；检测 Q16、Q18 及周围的电阻（R101~R108），正常；检测 LED 背光板输出电路中的四个整流二极管 D28、D29、D30、D31 是否正常；若正常，则检测 U8 及其外围元器件是否正常；检测 U8 的 1 脚（供电端）有 12V 电压，17、18 脚没有波形输出；经检测，故障原因为 U8 损坏。海尔 LE50B5000W（MSD6A628VX-XZ 机芯）液晶彩电的电源高压一体板实物图及背光相关电路部分截图如图 5-74 所示。

故障处理：更换 U8 后，故障被排除。

> **提示**：检修时，首先确定端子 ON/OFF 和 DIM 是否有电压（正常工作电压为 3.3~5.0V）。如果无电压或只有一个端子无电压，则估计主板有问题；如果有电压，则说明 LLC 谐振电路有问题。另外，还需要检测 PFC 电压是否正常，正常值为 380~395V。如果偏低，则先将 LLC 谐振电路修好；否则，会没有背光。

75. 机型和故障现象：海尔 LE50B5000W（MSD6A628VX-XZ 机芯）液晶彩电，不能开机，指示灯亮

维修过程：上门后，拆开机壳，检测电源板的各路输出电压均正常，判断故障在机芯板（0091802888B，见图 5-75）上；观察主板上的元器件没有明显异常现象；工作时，检测机芯板的 VDDC、NOYMAI 电压及 FLASH、DDR 供电相关电路部分，U2 没有电压输出；经检测，故障原因为 U2 的外围电容 C8 被击穿。

故障处理：更换电容 C8 后，故障被排除。

> **提示**：海尔 LE50B5000W（MSD6A628VX-XZ 机芯）液晶彩电机芯板的特点是电源组件的输出电压只有 12V 送到主板上。

第 5 章　互联网+APP 上门维修实战技巧

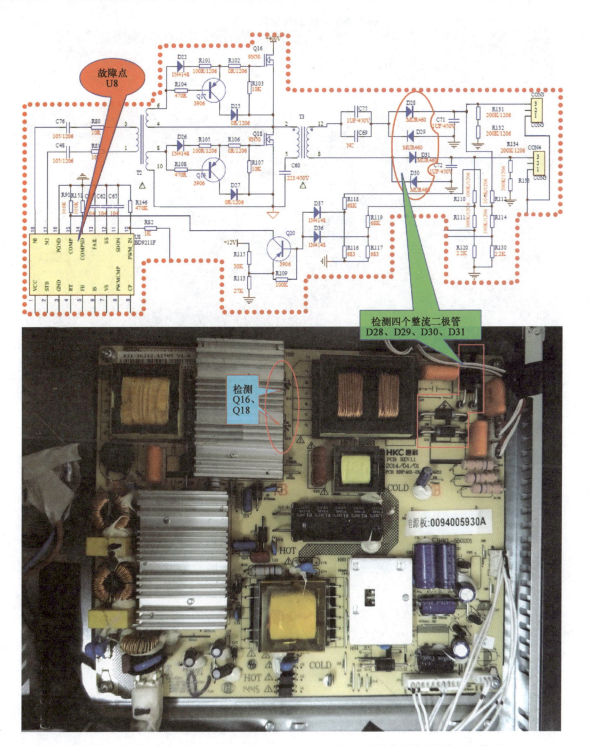

图 5-74　海尔 LE50B5000W（MSD6A628VX-XZ 机芯）液晶彩电的电源高压一体板实物图及背光相关电路部分截图

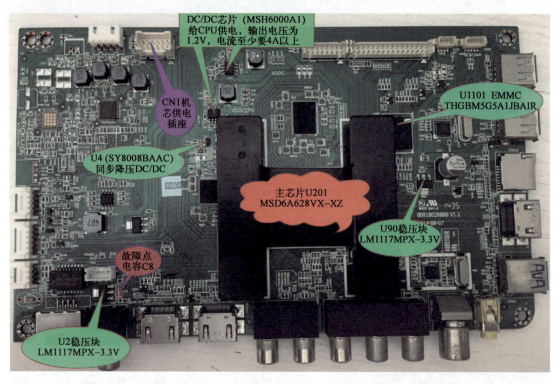

图5-75 海尔LE50B5000W（MSD6A628VX-XZ机芯）液晶彩电的机芯板（0091802888B）实物图

76. 机型和故障现象：海尔LE55KCA1（6M48机芯）液晶彩电，三无

维修过程：上门后，检测5V、3.3V（稳压块U20/U23）、2.5V（稳压块U27）电压是否正常；检测晶振X101（24MHz）两端电压是否为1.63V/1.64V；检测U1（F32-104）芯片是否正常（可以烧写软件）；检测U10（MST6M48）是否正常；经检测，故障原因为晶振X101（24MHz）不良。海尔LE55KCA1（6M48机芯）液晶彩电主板实物图及相关电路部分截图如图5-76所示。

故障处理：更换晶振X101（24MHz）后，故障被排除。

77. 机型和故障现象：海尔LED42B3500W液晶彩电，在工作过程中出现无规律的黑屏（黑屏时背光熄灭），伴音正常

维修过程：此故障的原因一般为背光驱动电路或LED灯条有问题。上门后，检测以IC202（LM358）为核心的背光供电OVP保护电路，IC202A的2脚3.4V基准电压偏低；检测背光供电OVP保护电路的Q9、U12（KA431）等（组成串联稳压电路，输出5V直流电压VEE），Q9输出的5V直流电压VEE偏低；经检测，故障原因为Q9不良，导致IC202A

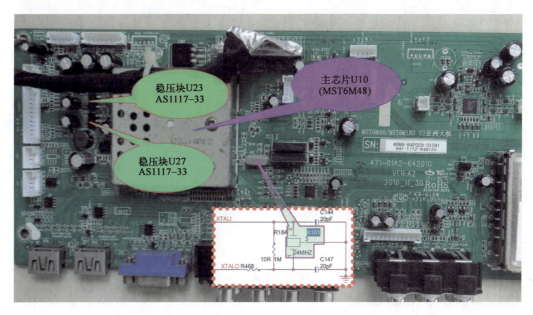

图 5-76　海尔 LE55KCA1（6M48 机芯）液晶彩电主板实物图及相关电路部分截图

的 2 脚基准电压 3.4V 降低，当低于 3 脚的电压 2.3V 时，1 脚就会输出高电平，背光芯片进入保护状态，LED 灯没有供电电压，出现黑屏故障。图 5-77 为海尔 LED42B3500W 液晶彩电的电源背光二合一板（型号为 HKL-420201 0094006367）实物图及相关电路部分截图。

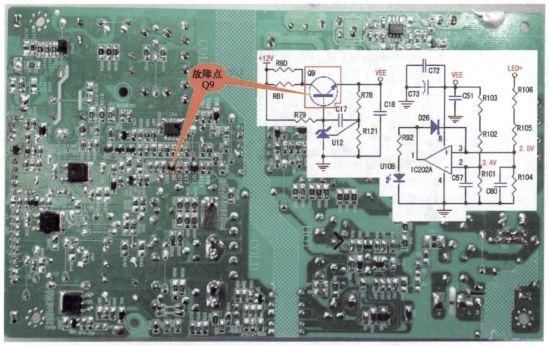

图 5-77　海尔 LED42B3500W 液晶彩电的电源背光二合一板（型号为 HKL-420201 0094006367）实物图及相关电路部分截图

故障处理：更换 Q9 后，故障被排除。

> **提示**：该机的背光供电 OVP 保护电路以 IC202（LM358）为核心，5V 电压供给 IC202 的 8 脚，并通过 R101~R103 分压，得到稳定的 3.4V 电压加到 IC202 的 2 脚（反相输入端），IC202 的 3 脚通过取样电阻 R104~R106 对 LED+电压取样，正常时，3 脚电压约为 2.3V，LED+电压升高，当 3 脚电压超过 3.4V 时，1 脚输出高电平，光耦 U10B 的初级有电流，U10B 的次级导通，背光电路停止工作，达到保护的目的。

? 78. 机型和故障现象：海尔 LS55AL88R81A2 液晶彩电，二次开机后，背光亮，屏幕上无字符、无图像

维修过程：该故障一般发生在机芯板、逻辑板或液晶屏上，应重点检测机芯板是否有正常的上屏供电电压和 LVDS 信号输出。上门后，检测逻辑板 12V 输入电压，偏低；检测上屏电压控制电路控制管 Q33 的 1~3 脚电压为 12V，4 脚电压偏高，5~8 脚输出电压过低；检测控制管 Q18 的基极电压为 0.68V，集电极电压为 0.12V，说明 Q18 的工作状态正常；断电后，检测电阻 R243、R244，正常；断开 Q33 的 4 脚，检测电阻 R244 的上端电压为 5.89V，说明 Q33（P 沟道 MOS 管，参数为 30V、5.3A）有问题。海尔 LS55AL88R81A2 液晶彩电机芯实物图与相关电路部分截图如图 5-78 所示。

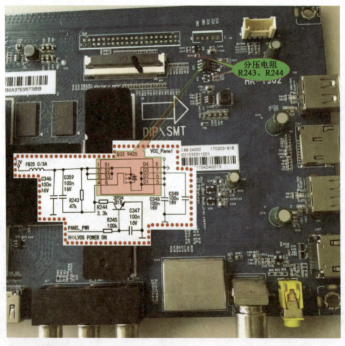

图 5-78　海尔 LS55AL88R81A2 液晶彩电机芯实物图与相关电路部分截图

故障处理：更换 Q33 后，试机，故障被排除。

> **提示**：开机时，主芯片输出的 PANEL_PWR 信号为高电平，Q18 导通，12V 电压经过 R243、R244 分压后送到 Q33 的栅极，Q33 饱和导通。12V 电压经 Q33 的源极、漏极和 FFC 软排线送到逻辑板。

5.5 TCL 液晶彩电上门维修实战技巧

? 79. 机型和故障现象：TCL L46E5000-3D（MS28L 机芯）液晶彩电，开大音量时，伴音失真

维修过程：上门后，检测主芯片 U500（MSD61981BTC）是否有问题；检测功率放大电路 U901（TPA3113D2）的相关引脚电压是否有问题；检测功率放大供电电路（C921~C923 等）是否有问题。如果判断问题出在主芯片或功率放大电路，则可将音频信号直接输入 U901 的 3 脚和 12 脚，当出现同样的故障时，说明故障在功率放大电路中。经检测，故障原因为功率放大供电电路中的 C923（220μF/35V）损坏。TCL L46E5000-3D（MS28L 机芯）液晶彩电功率放大电路 U901 相关电路如图 5-79 所示。

故障处理：更换 C923（220μF/35V）后，故障被排除。

? 80. 机型和故障现象：TCL L46E5300A-3D（MS99 机芯）液晶彩电，无声音，有图像

维修过程：上门后，检测伴音功放电路 U701（TAS5707）的相关引脚电压，供电电压 24V 和 3.3V 都正常，19 脚（MUTE 端）为低电平（正常应为高电平）；检测静音电路，Q702 短路。TCL L46E5300A-3D（MS99 机芯）液晶彩电主板实物图及静音电路部分截图如图 5-80 所示。

故障处理：更换 Q702 后，故障被排除。

> **提示**：检测 Q702 的 C 极为低电平，B 极也为低电平，断电后，用万用表的二极管挡检测 Q702 短路。

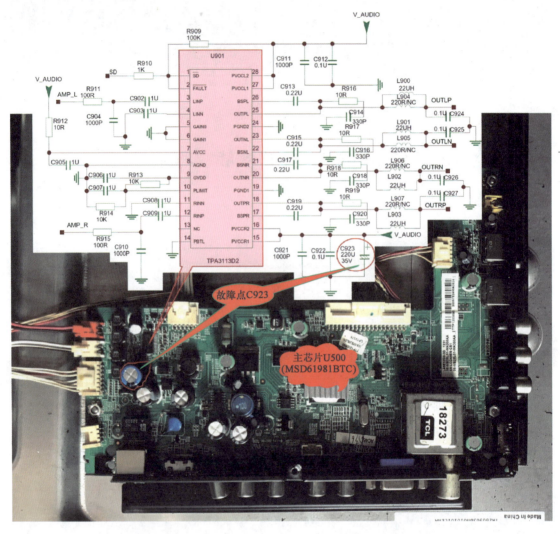

图 5-79 TCL L46E5000-3D（MS28L 机芯）液晶彩电功率放大电路 U901 相关电路

81. 机型和故障现象：TCL L46E64（GC32 机芯）液晶彩电，只能收看一个台，其他工作均正常

维修过程：上门后，根据故障现象怀疑高频头有问题，但更换后故障依旧；检测高频头的各引脚电压，14 脚（VT）无 32V 电压；检测高频板上有+12V、+5V 供电电压，怀疑问题出在 DC/DC（直流升压）转换电路部分；经检测，故障原因为高频板上的 D1 虚焊。

故障处理：重焊 D1 后，故障被排除。

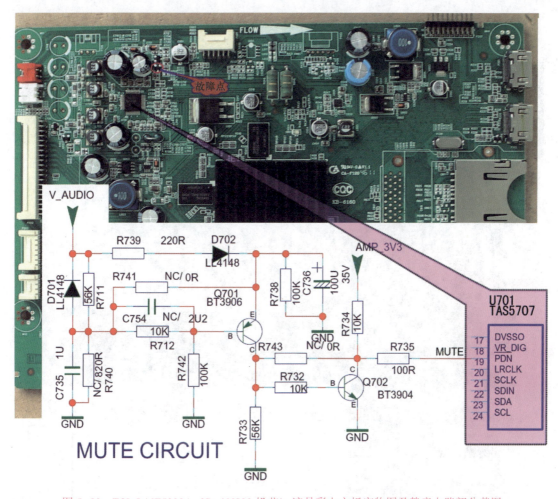

图 5-80　TCL L46E5300A-3D（MS99 机芯）液晶彩电主板实物图及静音电路部分截图

提示：检测 D1 的正端有 12V 电压，负端无电压；检测 D1 的正、反向阻值；补焊后，14 脚（VT）电压恢复。

82. 机型和故障现象：TCL L46E64（GC32 机芯）液晶彩电，开机后，屏点亮，无图像，无开机字符

维修过程：上门后，检测 U3 是否有 LVDS 波形输出；检测 U3 的工作条件（晶振 X2、复位信号、电压等）是否正常；检测存储器 XU2（29LV320D）、U7/U8（HY5DU561622）是否有问题；经检测，故障原因为晶振 X2 不良，造成 U3 无 LVDS 波形输出。TCL L46E64（GC32 机芯）液晶彩电晶振 X2 的相关电路如图 5-81 所示。

故障处理：更换晶振 X2（19.6608MHz）后，故障被排除。

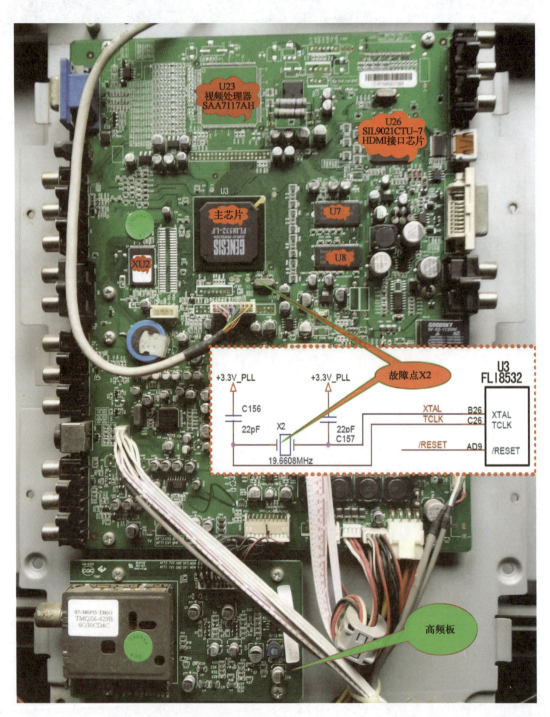

图 5-81　TCL L46E64（GC32 机芯）液晶彩电晶振 X2 的相关电路

83. 机型和故障现象：TCL L48E5000E（MT01C 机芯）液晶彩电，不能开机，电源红灯亮

维修过程：上门后，检测数字板 12V、24V、5V 电压，无 5V 电压输出，应重点检测 5V DC/DC 转换电路；检测 U006 和 Q001（D13ND3LT），Q001 的 5、6 脚无控制电压 POWER（正常时应有 5V 左右的电压）；沿路检测，R042 开路。TCL L48E5000E（MT01C 机芯）液晶彩电机芯板（40-MT01E0-MAH2XG）及相关电路部分截图如图 5-82 所示。

故障处理：更换电阻 R042 后，故障被排除。

> **提示**：5V DC/DC 转换电路是由 U006、Q001 组成的，数字板的 12V 电压供给 U006 的 7 脚，经处理后，由 Q001 转换并维持为 5V 电压。

84. 机型和故障现象：TCL L50E5690A-3D（MS818A 机芯）液晶彩电，通电后，不能开机

维修过程：上门后，检测 3.3V 待机电压、P_ON 开机电压 2.6V、给主板供电的主电压及给 LED 背光电路供电的 24V 电压都正常，排除电源板有问题的可能性；检测主板各路供电电压，U002（2V5）、U003（3.3V）、U008（1V15）均无电压输出；检测 5V 输出电路，电感 L001 对地短路；拔掉主板 P003 的排插后，电感 L001 短路故障消失；经检测，故障原因为 Q004、U005 损坏。

故障处理：更换 Q004、U005 后，故障被排除。

> **提示**：U002、U003、U008 的 5V 供电电压都是由 U005（RT8110D）、Q004（AD4832）组成的 DC/DC 转换电路提供的。

85. 机型和故障现象：TCL L50E5690A-3D（MS818A 机芯）液晶彩电，开机后，图像出现竖带，几分钟后，出现灰屏

维修过程：上门后，如果检测液晶屏的屏线断裂或故障、触点接触不良或液晶屏自身故障，则需要拆机，检测屏线的连接是否接触不良或直接更换新屏线；如果液晶屏故障，则需要联系售后，更换新液晶屏；检测屏供电和 LVDS 信号输出电路是否有问题；经检测，故障原因为 LD90 不良，造成液晶屏供电电压偏低。TCL L50E5690A-3D（MS818A 机芯）液晶彩电相关电路及主板实物部分截图如图 5-83 所示。

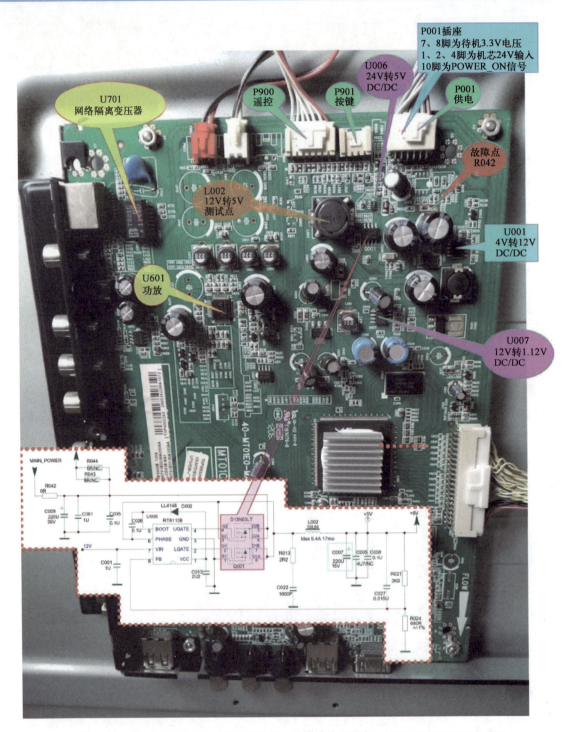

图 5-82 TCL L48E5000E（MT01C 机芯）液晶彩电机芯板（40-MT01E0-MAH2XG）及相关电路部分截图

第5章　互联网+APP 上门维修实战技巧

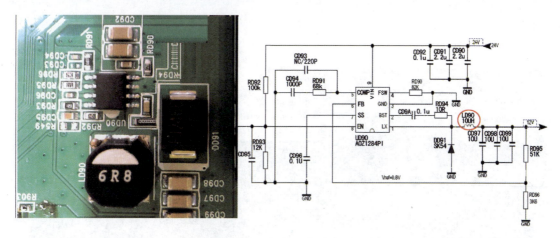

图 5-83　TCL L50E5690A-3D（MS818A 机芯）液晶彩电相关电路及主板实物部分截图

故障处理：更换 LD90 后，故障被排除。

❓ 86. 机型和故障现象：TCL L55E5610A-3D（MS801 机芯）液晶彩电，开机有图像，但不定时出现无声音

维修过程：上门后，检测数字板上功率放大器 U701（TAS5707）的四组 24V 供电电压正常，13 脚电压为 3.3V，19 脚（静音端）电压为正常高电平，总线控制 23、24 脚电压失常；经检测，故障原因为 23、24 脚外围电容 C712 不良。TCL L55E5610A-3D（MS801 机芯）液晶彩电主板（40-1MS801-MAF2HG）实物图及伴音相关电路部分截图如图 5-84 所示。

故障处理：更换 C712 后，故障被排除。

❓ 87. 机型和故障现象：TCL L55F3390A-3D 液晶彩电，通电后，电源指示灯不亮，整机出现三无

维修过程：上门后，通电检测电源板（型号为 PE301C1，见图 5-85）的各组电压，无 3.3V 待机电压；直观检查 3.3V 待机电路中的电阻 R201、R202（2.7Ω）被烧坏；沿路检测，故障原因为 U201（VIPER17L）性能不良，其外围的 D203（6.8V 稳压管）短路、D205（18V 稳压管）开路。

故障处理：更换 R201、R202、U201、D203、D205 后，故障被排除。

> **提示**：该机的副开关电源电路是以厚膜电路 U201（VIPER17L）为核心组成的，可为主板上的微处理器控制系统提供 +3.3VSB/0.2A 的供电电压，同时还为功率因数校正电路 PFC 和主开关电源驱动控制电路 PWM 提供 20V 左右的 VCC 工作电压。

图 5-84　TCL L55E5610A-3D（MS801 机芯）液晶彩电主板（40-1MS801-MAF2HG）
实物图及伴音相关电路部分截图

❓ 88. 机型和故障现象：TCL L55V6200DEG（MS48IS 机芯）液晶彩电，开机一段时间后，不定时出现有声音、无图像，背光板亮

维修过程：上门后，拆开机壳，检测插座 P2002（LVDS OUT1）处无 LVDS 信号输出，说明 MEMU 倍频处理电路 U1902（MST6M20S）没有工作；检测 U1902 的供电、总线、晶振电压正常；检测复位电路中的 Q1901、C1901（2.2μF）、C1909（10μF）等，C1901（2.2μF）和 C1909（10μF）不良。TCL L55V6200DEG（MS48IS 机芯）液晶彩电主板（40-MS48IS-MAC4XG）实物图及复位电路部分截图如图 5-86 所示。

第 5 章 互联网+APP 上门维修实战技巧

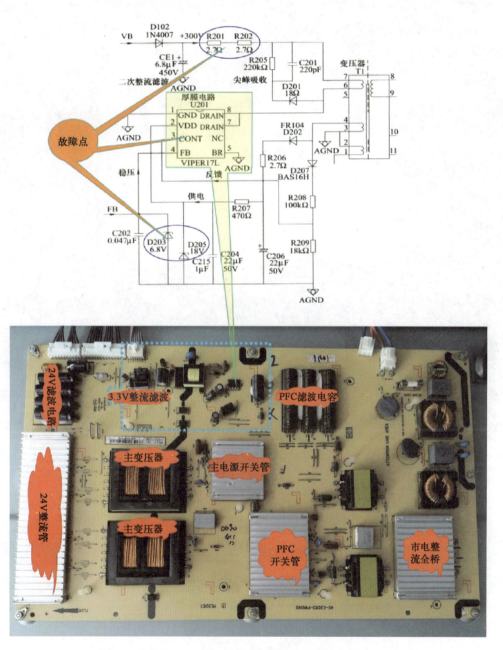

图 5-85　TCL L55F3390A-3D 液晶彩电电源板（PE301C1）
实物图与相关电路部分截图

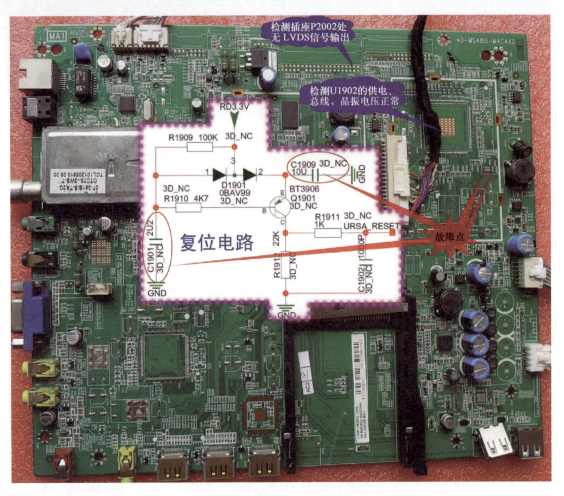

图 5-86 TCL L55V6200DEG（MS48IS 机芯）液晶彩电主板（40-MS48IS-MAC4XG）实物图及复位电路部分截图

故障处理：更换 C1901（2.2μF）和 C1909（10μF）贴片电容后，故障被排除。

提示：该故障是热机时出现的，检测时可采用加热法进行排查，在对 U1902 一边加热一边测量时，发现复位电路中 Q1901 的 c 极电压在由 3.2V 缓慢下降到 2.4V 后故障出现，说明复位电路有问题。

89. 机型和故障现象：TCL L55V6500A-3D（MS801 机芯）液晶彩电，在播放 3D 片源时，没有 3D 效果，TV 和其他信号均正常

维修过程：在出现该故障时，首先检查液晶彩电的 3D 功能是否正常，打开手机照相机对着液晶彩电的三个 3D 红外发射 LED 灯观看，都不亮，排除 3D 眼镜有问题的可能性，应

重点检测数字板；检测 P901 的 12 脚有 3D_VSYNC 信号，Q905 处电压失常；经检测，故障原因为 Q905 性能不良。TCL L55V6500A-3D（MS801 机芯）液晶彩电 Q905 相关电路部分截图如图 5-87 所示。

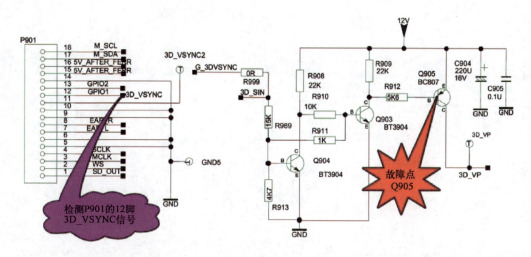

图 5-87　TCL L55V6500A-3D（MS801 机芯）液晶彩电 Q905 相关电路部分截图

故障处理：更换 Q905 后，故障被排除。

❓ 90. 机型和故障现象：TCL L58X9200A-3D（MS801 机芯）液晶彩电，通电后，指示灯亮，整机出现三无，不能二次开机

维修过程：上门后，检测电源板的各路输出电压均正常；检测机芯板（见图 5-88）各路供电电压（24V、3V3SB、12V、5V、3.3V、2.5V、1.5V 等），无 3.3V、2.5V、1.5V、5V 电压，因 3.3V、2.5V、1.5V 电压是由 5V 电压提供的，判断故障在 24V 转 5V 的 DC/DC 转换电路中；检测 Q004（AO4832）、U004（RT8110B）、U005（RT8110B）及其外围元器件，U005 的 6 脚（过流保护监测端）外接电容 C039 失效。

故障处理：更换电容 C039 后，故障被排除。

> **提示**：U005 的 6 脚为过流保护监测端，外接电容 C039 起保护作用。24V、3V3SB 设置在电源板中。3V3SB 不受控电源，通电后就会进入工作状态，可为微控制系统提供 3.3V 的工作电压。24V 受控电源，开机时，当来自微控制系统的待机/开机信号 POWER_ON 为高电平时，24V 才能工作并输出 24V 电压；待机时，POWER_ON 为低电平，24V 无电压输出。

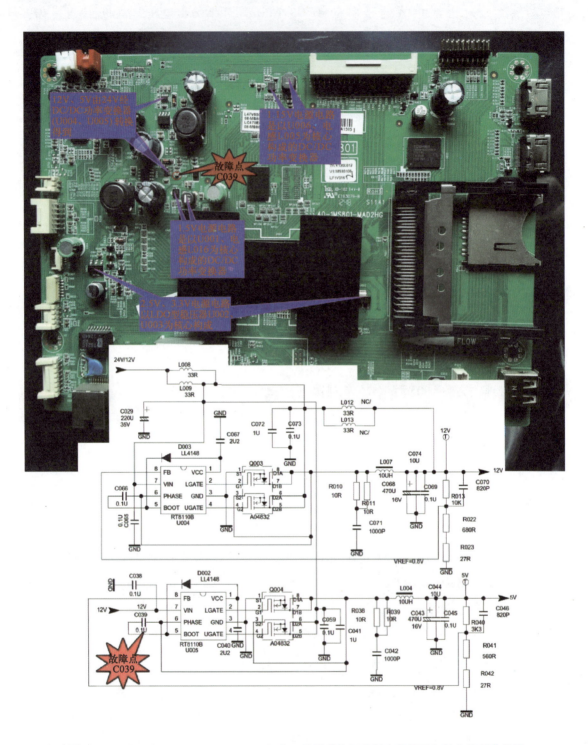

图5-88 TCL L58X9200A-3D（MS801机芯）液晶彩电机芯板实物图及相关电路部分截图

第 5 章　互联网+APP 上门维修实战技巧

❓ 91. 机型和故障现象：TCL L65E5690A-3D（MS901K 机芯）液晶彩电，开机后，图像正常，无声音，在输入其他信号源时也无声音

维修过程：上门后，升级软件，故障依旧，重点检测伴音功放电路（见图 5-89）；检测伴音功放电路 U701（TAS5707）2、3 脚的供电电压和 43、44 脚的 24V 电压，正常；用示波器测量 U701 的 39、40 脚和 34、35 脚有信号输入；检测 U701 的 25 脚复位和 18 脚静音控制正常；检测 U701 音频信号输入端 15、20~22 脚的时钟与数据信号波形，15 脚无时钟信号输入；检测与 U701 的 15 脚对应的主芯片 U400（MSD6A901IV）H5 脚有正常的时钟信号输出；经检测，故障原因为 U400 的 H5 脚至 U701 的 15 脚之间的电阻 R717（33Ω）不良。

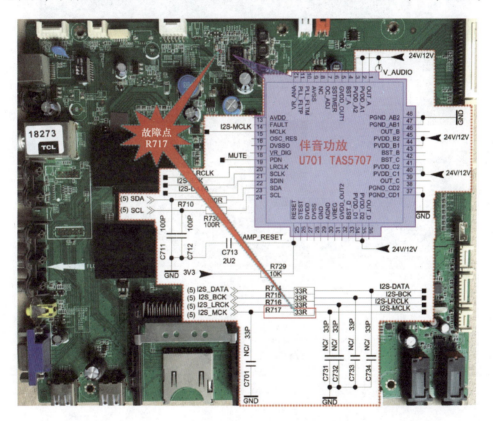

图 5-89　TCL L65E5690A-3D（MS901K 机芯）液晶彩电主板实物图及伴音功放电路部分截图

故障处理：更换电阻 R717 后，故障被排除。

提示：若检测 R717 的阻值与焊点均正常，则可能是线路的铜箔或过孔开路。此时可用一根导线跨接在这段线路的两端。U400 输出的音频信号经伴音功放电路 U701 处理后，经扬声器还原声音信号。

❓ 92. 机型和故障现象：TCL L65E5690A-3D（MS901K 机芯）液晶彩电，HDMI 无图像，其他信号源正常，有时出现遥控关机后不能二次开机

维修过程： 上门后，检查 HDMI 线缆与机芯板（见图 5-90）上的 HDMI 接口接触良

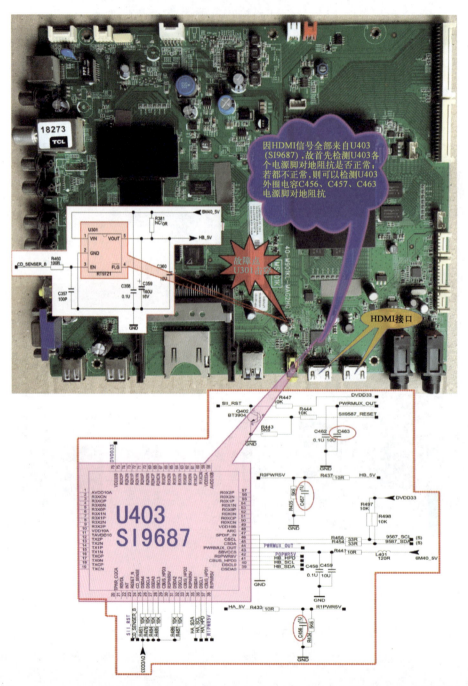

图 5-90　TCL L65E5690A-3D（MS901K 机芯）液晶彩电机芯板实物图及相关电路部分截图

好；检测 HDMI 接口处 U403（SI9687）的 3.3V 和 1V 供电电压正常，总线电压也正常，怀疑软件有问题；升级为最新版的主程序和引导程序，故障依旧；检测 U301（RT9721）的各引脚电压，5 脚有 5V 电压（正常时应无电压）；经检测，故障原因为 U301 被击穿后，5V 电压直接进入 U403，导致 U403 不能正常工作，从而引起总线数据不正常。

故障处理：更换 U301 后，故障被排除。

? 93. 机型和故障现象：TCL L65E5690A-3D（MS901K 机芯）液晶彩电，工作几分钟后，自动关机，整机处于待机状态

维修过程：上门后，怀疑软件故障，升级主程序和引导程序后，故障依旧；在开机瞬间，检测 5V、3.3V、1.25 V、2.5V、1.15V 各组电压均正常，但在关机瞬间，1.15V 电压降到 0V；检测 U008（MP8606DL）及其外围元器件（见图 5-91），电感 L002 不良。

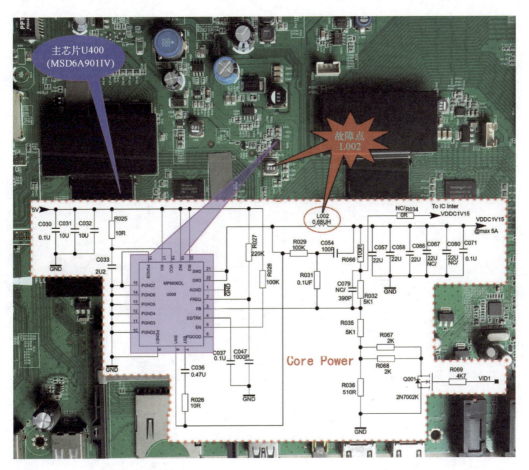

图 5-91　TCL L65E5690A-3D（MS901K 机芯）液晶彩电主板实物图及 U008 相关电路部分截图

故障处理：更换电感 L002 后，故障被排除。

> **94.** **机型和故障现象**：TCL L65E5700A-UD（RT95 机芯）液晶彩电，开机后，在 TV 状态下搜不到台，在搜台时，液晶屏有噪波雪花，在其他信号源的状态下正常

维修过程：上门后，检查各接线口有无松动、各连接处是否接触良好、连线有无短路或开路现象；检测高频调谐器（TUN2）的各引脚对地电压是否正常，主要应检测调谐电压（通常可焊开调谐电压 BT 的连线，如果调谐电压正常，则故障在高频调谐器及其外围电路中；反之，故障在供电电路中）；经检测，故障原因为高频调谐器外围图像中频差分信号通路中的电阻 RT18 和 RT19 有问题，相当于将 TU_IF 信号断开，导致在 TV 状态下搜不到台。TCL L65E5700A-UD（RT95 机芯）液晶彩电高频调谐器相关电路部分截图如图 5-92 所示。

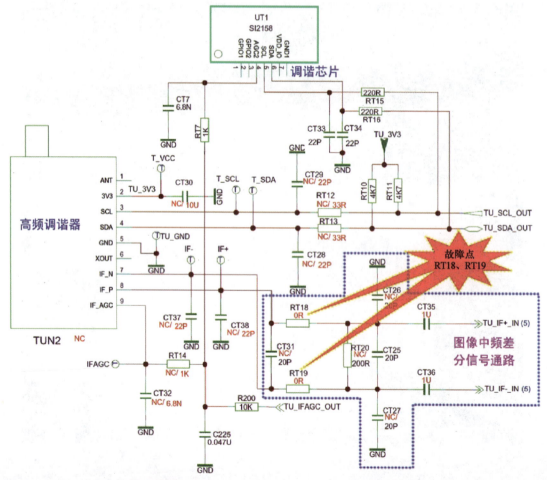

图 5-92　TCL L65E5700A-UD（RT95 机芯）液晶彩电高频调谐器相关电路部分截图

故障处理：更换 RT18、RT19 后，故障被排除。

> **提示**：在检修高频调谐器的过程中，主要需要正确判断故障是在高频调谐器内部还是在外围电路中，当高频调谐器内部出现故障时，可更换高频调谐器，并将检修重点放在外围电路上。

❓ 95. 机型和故障现象：TCL L65E5700A-UD（RT95 机芯）液晶彩电，在所有的信号源下均无声音

维修过程：上门后，检测功放电路 UP2（TAS5707）是否有输出信号；若有输出信号，则检测滤波电路和扬声器是否正常；若无输出信号，则检测主芯片 U500（RT2995）是否有声音信号输出到功放电路，I^2C 和 I^2S 总线是否正常；若主芯片有声音信号输出到功放电路，则检测功放电路的供电电压（24V 和 3.3V）及软、硬件静音是否正常；检测功放电路的 RESET 信号是否正常；若主芯片无声音信号输出到功放电路，则检测主芯片及其外围元器件；经检测，故障原因为 RP210 不良。TCL L65E5700A-UD（RT95 机芯）液晶彩电的主板实物图及功放电路部分截图如图 5-93 所示。

故障处理：更换 RP210 后，故障被排除。

❓ 96. 机型和故障现象：TCL B55A658U（RT95 机芯）液晶彩电，不能开机

维修过程：上门后，检测电源板的 3.3VSTB 和 12V/24V 供电电压是否正常，若电压均无，则说明问题在电源板上；若只有 3.3VSTB 电压，则检测主芯片是否有 P_ON、DIM、BL_ON 信号输出到电源板上；若有，则检测电源板；若无，则检测主芯片及其外围电路、DDR 或升级 MBOOT 和主程序；若电源板上有 3.3VSTB 和 12V/24V 供电电压，则检测各个 DC/DC 转换电路是否有输出，主芯片、DDR 的供电电压是否正常；若供电电压异常，则检测 DC/DC 转换电路和三端稳压模块；若供电电压正常，则检测主芯片外围电路、DDR、晶振及复位电路；经检测，电源板无 12V 电压输出，故障原因为开关管 QW2（MOS 管）被击穿短路、F1 损坏、电源芯片 U302（OB2283）有问题。TCL B55A658U（RT95 机芯）液晶彩电的电源板实物图如图 5-94 所示。

故障处理：更换 QW2（用 AP2762I 或 MDF7N65）、F1、U302 后，故障被排除。

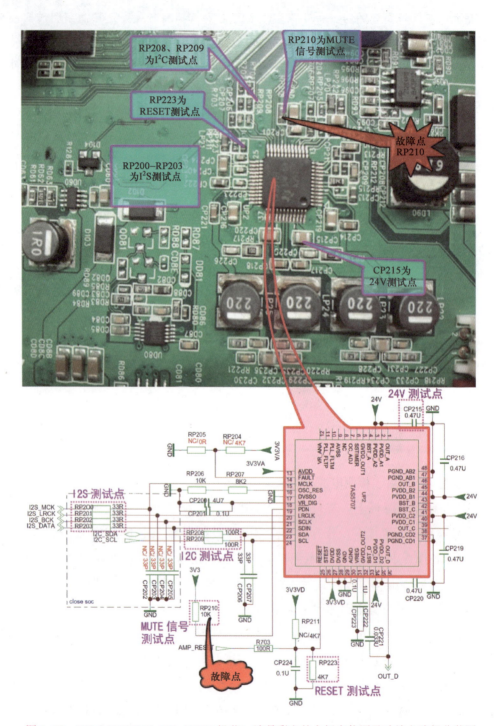

图 5-93　TCL L65E5700A-UD（RT95 机芯）液晶彩电的主板实物图及功放电路部分截图

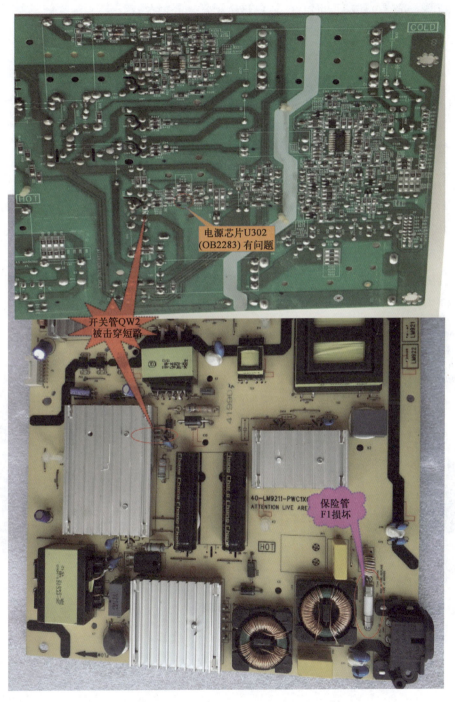

图 5-94　TCL B55A658U（RT95 机芯）液晶彩电的电源板实物图

5.6 海信液晶彩电上门维修实战技巧

? 97. 机型和故障现象：海信 LED32EC260JD 液晶彩电，开机后，有伴音，背光不亮。

维修过程：上门后，开机，检测主芯片 N118（RTD2644I/D）的 PWM、SW 引脚有 3V 左右的电压，说明主板控制正常，故障在背光供电电路或屏灯板上；检测由 N803（LELC2010M）、V712、L701、VD835、VD836、C717、C718、V713 等元器件组成的背光供电电路，N803 损坏。海信 LED32EC260JD 液晶彩电电源背光一体板（RSAG7.820.5536）及相关电路部分截图如图 5-95 所示。

图 5-95 海信 LED32EC260JD 液晶彩电电源背光一体板（RSAG7.820.5536）及相关电路部分截图

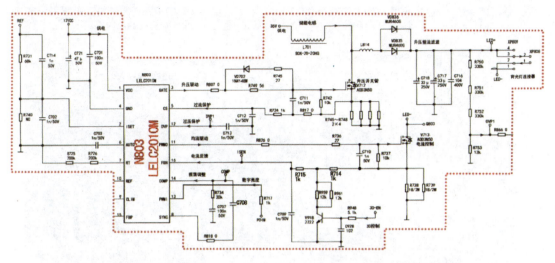

图 5-95　海信 LED32EC260JD 液晶彩电电源背光一体板（RSAG7.820.5536）及相关电路部分截图（续）

故障处理：更换 N803 后，故障被排除。

> **提示**：该机的背光供电电路由 N803、V712、L701、VD835、VD 836、C717、C718、V713 等元器件组成，将开关电源输出的 36V 电压提升后，可为 LED 灯条供电，并可控制和调整 LED 灯条的电流；遥控开机后，主芯片控制系统输出 BLSW 背光灯开启电压，相应的控制对管导通，为 N803 的 1 脚提供 12V 的工作电压，背光供电电路启动工作。

❓ 98. 机型和故障现象：海信 LED39K300J 液晶彩电，开机后，灰屏，有伴音，有背光，无图像

维修过程：上门后，检测主板上的各组供电电压（12V、5.1V、3.3V、1.8V）都正常；检测逻辑板上的供电电压 12V 正常，VGH、VGL 电压都为 0V，怀疑液晶屏有问题；该机的逻辑板采用双排线与液晶屏连接，试断开逻辑板与液晶屏的一条排线，检测 VGH 的电压恢复为 25V，由此判断问题在液晶屏边板上；经检测，故障原因为液晶屏边板（V390HK1-XRS5）上的贴片电容 C20 漏电。海信 LED39K300J 液晶彩电逻辑板（V390HJ1-CE1）与液晶屏边板（V390HK1-XRS5、V390HK1-XLS5）的实物图如图 5-96 所示。

故障处理：更换电容 C20 后，故障被排除。

> **提示**：灰屏故障大部分与主板无关，大多是逻辑板和液晶屏有问题。

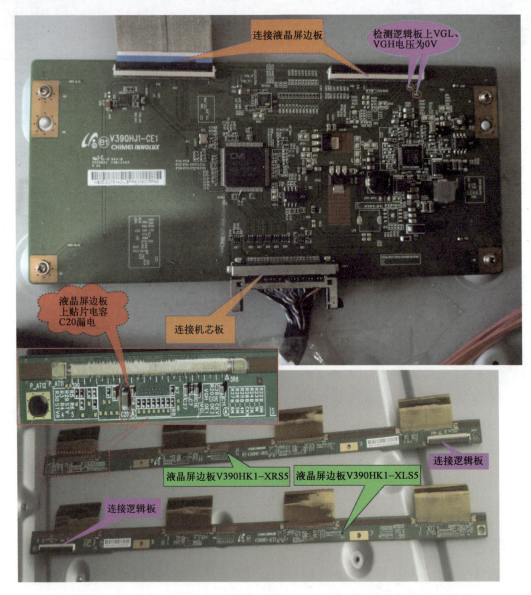

图 5-96　海信 LED39K300J 液晶彩电逻辑板（V390HJ1-CE1）与液晶屏边板
（V390HK1-XRS5、V390HK1-XLS5）的实物图

❓ 99. 机型和故障现象：海信 LED39K300J 液晶彩电，通电后，指示灯亮，按遥控器和本机按键失效，整机呈死机状态

维修过程：液晶彩电整机呈死机状态的原因主要有两种：一种是开关电源输出电压异常或主板上的供电系统异常；另一种是存储器虚焊、性能不良或软件异常。上门后，拆开机壳，检测主板上的 3.3V、1.2V、2.5V 供电电压正常，怀疑软件或主芯片 N1

（MST6M161）有问题；本着先易后难的原则，找到原机数据，用 U 盘进行升级后，故障依旧；检测存储器，N31 损坏。海信 LED39K300J 液晶彩电的主板（RSAG7.820.4801）实物图及相关电路部分截图如图 5-97 所示。

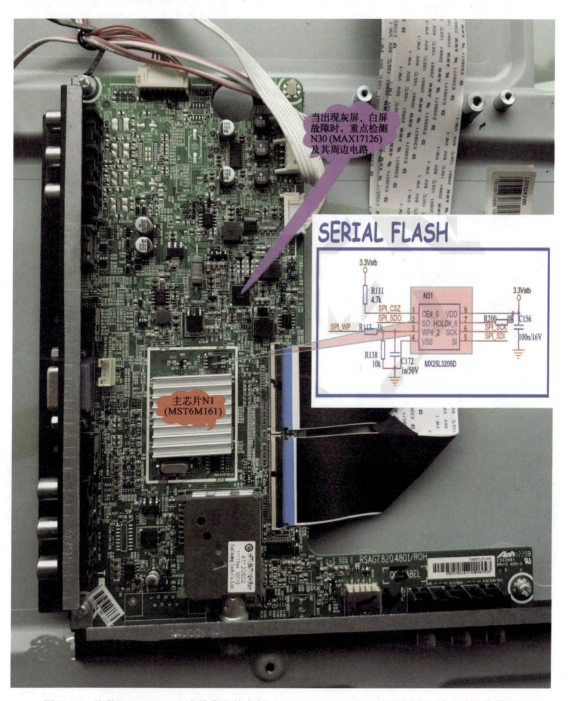

图 5-97　海信 LED39K300J 液晶彩电的主板（RSAG7.820.4801）实物图及相关电路部分截图

故障处理：更换 N31 后，故障被排除。

> **提示**：RSAG7.820.4801 主板集成了逻辑板上的电路，当出现灰屏、白屏故障时，要重点检测 N30（MAX17126）及其周边的电路；当出现不定时白屏、灰屏故障时，多为 N30 电路板及面板电路板上的部分过孔存在开路故障，建议更换新电路板。

❓ 100. 机型和故障现象：海信 LED42K01P 液晶彩电，无伴音，图像正常

维修过程：上门后，检测功率放大器输出插座的四个引脚是否有 6V 左右的电压；检测伴音功率放大器 N16（TPA3110D2）的 12V 供电电压是否正常；检测主芯片及伴音前级预放电路是否有问题；检测静音电路中的 V23（静音控制管）与四路静音控制信号（VD105：CPU 静音控制信号；VD103：关机静音控制信号；VD54：耳机静音控制信号；VD101：开机静音控制信号）是否有问题；经检测，故障原因为电容 C141 漏电，造成功率放大器输出插座的四个引脚均无电压，VD101 的 3 脚信号异常。海信 LED42K01P 液晶彩电的主板（板号：RSAG7.820.4304）实物图及静音电路部分截图如图 5-98 所示。

故障处理：更换电容 C141 后，故障被排除。

❓ 101. 机型和故障现象：海信 LED42K16X3D 液晶彩电，收不到台

维修过程：上门后，检查各接线口无松动现象、各连接处接触良好、连线无短路或开路现象；拆开机壳，目测主板，电阻 R20 变颜色，R20 是 N29 的 1 脚通过 L23 给 N7（AZ1084S-ADJ）供电的限流电阻；沿路检测，发现 1.8V 电源对地短路；将 N7 拆下，检测 1.8V 电源正常；将两个 DDR 的线路断开（因 N7 给 DDR 供电），1.8V 电源仍然短路；检测电容 C18、C19、C20、CE19 正常，怀疑主芯片 N1 有问题；拆下 N1，检测 1.8V 电源正常，判断问题在主芯片 N1 上。海信 LED42K16X3D 液晶彩电的主板实物图及相关电路部分截图如图 5-99 所示。

故障处理：更换 N1 后，故障被排除。

> **提示**：海信 LED42K16X3D 液晶彩电的主板由一大一小两块板组合而成。大板板号为 RSAG7.820.4335，小板（倍频板）板号为 RSAG7.820.4342。主板送出的 LVDS 信号经小板处理后送往逻辑板。

第5章 互联网+APP 上门维修实战技巧

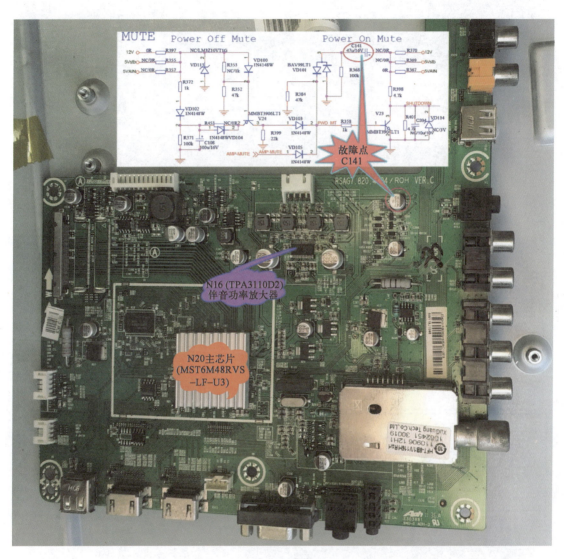

图 5-98　海信 LED42K01P 液晶彩电的主板（板号：RSAG7.820.4304）实物图及静音电路部分截图

互联网+APP 维修大课堂——液晶彩电

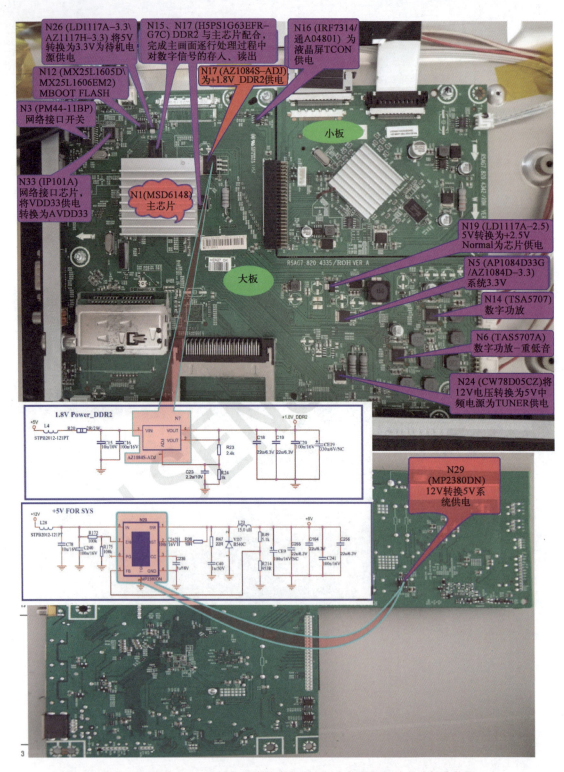

图 5-99 海信 LED42K16X3D 液晶彩电的主板实物图及相关电路部分截图

102. 机型和故障现象：海信 LED42K310X3D（MT5501 机芯）液晶彩电，背光亮一下后黑屏

维修过程：在检修此类故障时，首先检查电路板上是否有明显变色烧焦的元器件；然后检查背光灯升压板上的灯管插座是否开焊、插座未插紧或某根灯管断裂；再检测主板到背光供电电路的各路输出电压是否正常；最后检测背光控制集成电路 N905（OZ9908B）相关引脚电压及外围元器件是否有问题；经检测，故障多因 N905 有问题，造成 18 脚（ISEN5）电压偏高。海信 LED42K310X3D（MT5501 机芯）液晶彩电电源背光一体板（板号：RSAG7.820.4584）的背面实物图及 N905 相关电路如图 5-100 所示。

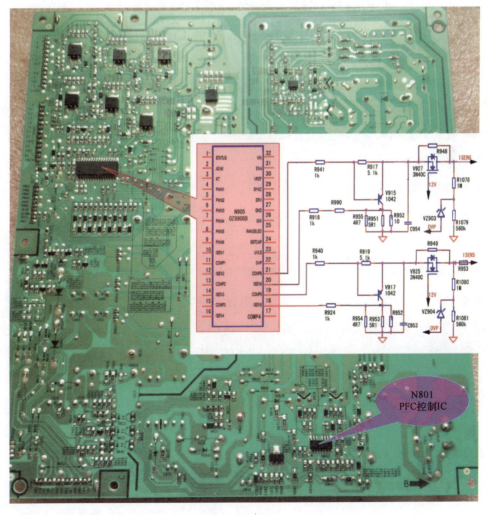

图 5-100　海信 LED42K310X3D（MT5501 机芯）液晶彩电电源背光一体板（板号：RSAG7.820.4584）的背面实物图及 N905 相关电路

故障处理：更换 N905 后，故障被排除。

> **提示**：ISEN5 比其他的 ISEN 电压高，可尝试把 ISEN6 和 ISEN5 调换位置，若 ISEN5 电压仍异常，V917 的 B 极无电压，V915 的 B 极有电压，则可确定问题在电源背光一体板上。

❓ 103. 机型和故障现象：海信 LED42K310X3D（MT5501 机芯）液晶彩电，三无

维修过程：在检修此类故障时，首先判断故障是在电源板上还是在主板上。若故障在主板上，则检测 N105（AP1084）的 3.3V、N515（AP1084）的 1.5V、N102（MP1493）的 L104 处 1.2V、N101（TPS54426）的 L102 处 5V 电压是否正常；检测 N101 的 14 脚 12V、7 脚 6.5V 电压是否正常；检测 V15、V14、VD105 等元器件是否有问题。在实际的检修中，VD105 损坏多会造成主板无 5V 电压输出，也就无 3.3V、1.5V、1.2V 电压给主芯片供电，主芯片内部的 CPU 部分无供电。海信 LED42K310X3D（MT5501 机芯）液晶彩电的主板（RSAG7.820.4779）实物图及 5V 输出相关电路部分截图如图 5-101 所示。

故障处理：更换 VD105 后，故障被排除。

❓ 104. 机型和故障现象：海信 LED42T28PKV（电源板号：RSAG7.820.2194）液晶彩电，三无，指示灯亮

维修过程：在检修此类故障时，首先检测背光供电电压是否为 410V 左右；然后检测 N831（NCP1396）的供电电压（正常值应高于 14V）、VD903 的供电电压（正常值为 17V）是否正常；再检测 N831 及其外围的 R844、R848、R843、VZ832、VD831 等元器件是否正常；最后检测 N904、V903 等元器件是否有问题。在实际的检修中，V903 不良多会造成 N831 的供电电压偏低。海信 LED42T28PKV（电源板号：RSAG7.820.2194）液晶彩电电源电路部分截图如图 5-102 所示。

故障处理：更换 V903 后，故障被排除。

第 5 章 互联网+APP 上门维修实战技巧

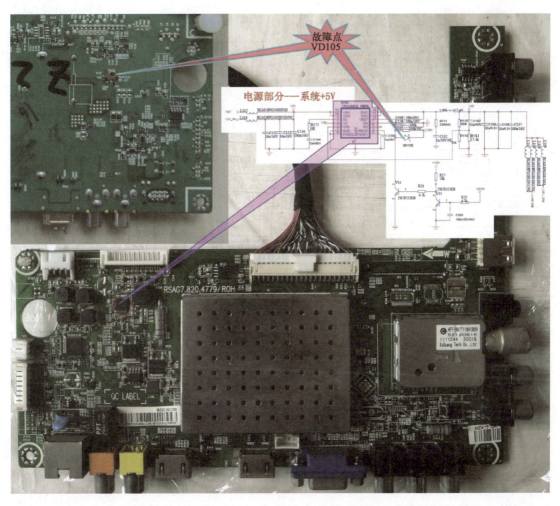

图 5-101 海信 LED42K310X3D（MT5501 机芯）液晶彩电的主板（RSAG7.820.4779）实物图及 5V 输出相关电路部分截图

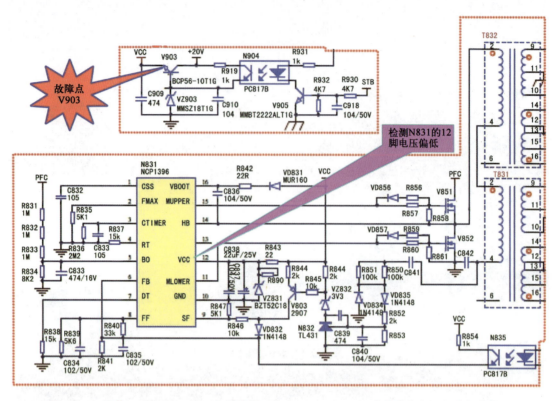

图 5-102　海信 LED42T28PKV（电源板号：RSAG7.820.2194）液晶彩电电源电路部分截图

105. 机型和故障现象：海信 LED42T36P 液晶彩电，三无，指示灯亮

维修过程：在检修此类故障时，首先开机检测各路供电电压是否正常；然后检测复位电压、晶振工作是否正常；检测主芯片（MT5301VBSU）及 FLASH 存储器（N8）是否有问题；若正常，则检测待机控制电路中的 V13、V12、R31、R57 等元器件是否有问题。在实际的检修中，待机控制管 V13 漏电多会造成待机控制电压 SW 偏低（正常值应为 2.5V 以上）。海信 LED42T36P 液晶彩电的主板（RSAG7.820.4472）实物图及待机控制电路部分截图如图 5-103 所示。

故障处理：更换 V13 后，故障被排除。

106. 机型和故障现象：海信 LED46K16X3D 液晶彩电，通电后，花屏

维修过程：上门后，检查上屏排线（主板到逻辑板的两条排线）是否有问题，松开排线插座上的卡扣，抽出排线，用橡皮擦拭排线端头后，插好排线，通电后，故障依旧，怀

疑液晶屏参数不对；拆下 N12（25L16），离线烧写该机的数据，装回后，故障依旧；检测倍频板（小板板号为 RSAG7.820.4342，主板送出的 LVDS 信号经小板处理后送往逻辑板），存储器 N24（H5PS5162FFR-G7C）的外围排阻 R385 不良。海信 LED46K16X3D 液晶彩电倍频板实物图及相关电路部分截图如图 5-104 所示。

故障处理：更换排阻 R385 后，故障被排除。

图 5-103　海信 LED42T36P 液晶彩电的主板（RSAG7.820.4472）实物图及待机控制电路部分截图

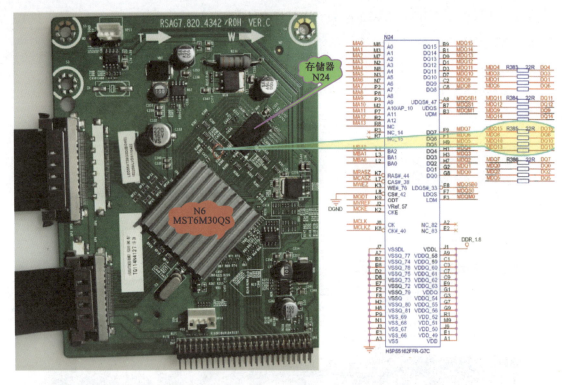

图 5-104　海信 LED46K16X3D 液晶彩电倍频板实物图及相关电路部分截图

? 107. 机型和故障现象：海信 LED50EC590UN（MSD6A918 机芯）液晶彩电，在工作过程中出现三无

　　维修过程： 上门后，检测电源板的各路输出电压，12V 输出电压不正常；检测保险丝、反激电路、N834（NCP1271）及其外围电路，12V 整流二极管 VD829 短路，电源初级 20V 供电电路中的 R821、R823、V812、VZ810 损坏，12V 取样电路中的光耦 N891 不良。海信 LED50EC590UN（MSD6A918 机芯）液晶彩电的电源板实物图及相关电路部分截图如图 5-105 所示。

　　故障处理： 更换 N891、VD829、R821、R823、V812、VZ810 后，故障被排除。

　　提示： 该机采用 RSAG7.820.5687 电源板。该电源板在多个机型中使用，通病就是在工作过程中突然出现三无。其故障根源就是 12V 取样电路中的光耦 N891 不良。

第 5 章　互联网+APP 上门维修实战技巧

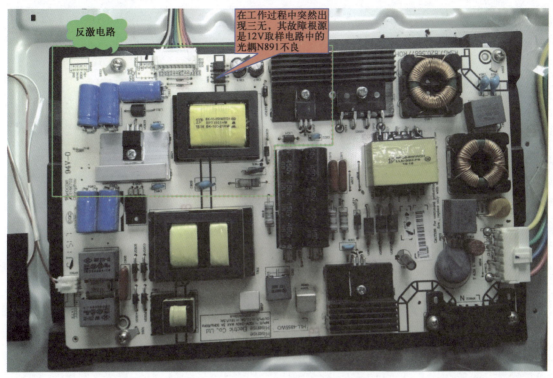

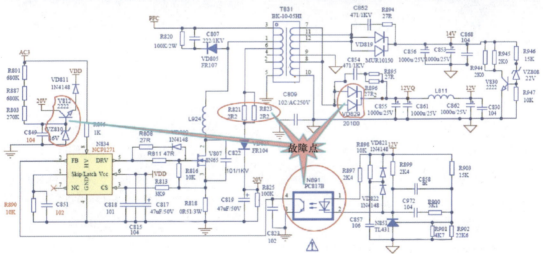

图 5-105　海信 LED50EC590UN（MSD6A918 机芯）液晶彩电的电源板实物图及相关电路部分截图

❓108. 机型和故障现象：海信 LED50MU7000U（MSD6A828 机芯）液晶彩电，接收 TV 信号时无图像

维修过程：上门后，检测调谐器 N93 的 4 脚、12 脚、22 脚 1.8V 供电电压正常；检测

205

N93 的 13 脚（内 1.2V 电压形成）外接滤波电容 C389，19 脚、20 脚外接晶体 Z2，相移电容 C385、C388，电阻 R333（0Ω），23 脚复位电压（高电平 3.3V）均正常；检测 N93 的 16、17 脚总线电路，电阻 R319 虚焊。

故障处理：重焊电阻 R319 后，故障被排除。

? 109. 机型和故障现象：海信 LED50MU7000U（MSD6A828 机芯）液晶彩电，通电后，指示灯不亮，也不能开机

维修过程：上门后，检测保险管 F801 及整流滤波电路中的整流桥 VB801、C870、C871 等元器件均正常；检测 PFC 电路中的 C865、C866、V802、V803、N815、N805、V810、V820 等元器件，N805 损坏，造成 VCC_PFC 电压失常（16V）。海信 LED50MU7000U（MSD6A828 机芯）液晶彩电的电源板（RSAG7.820.6350）实物图及相关电路部分截图如图 5-106 所示。

故障处理：更换 N805 后，故障被排除。

? 110. 机型和故障现象：海信 LED55T28GPN（MST6I78 机芯）液晶彩电，开机后，有伴音，屏幕灰暗

维修过程：上门后，检测逻辑板的 VGH、VGL 电压正常，怀疑主板有问题；检测主芯片的 LVDS 信号输出电压为 1.18V 左右，正常；检测倍频芯片的 LVDS 信号输出电压不正常，说明倍频芯片没有工作；检测主芯片的 3.3V 供电电压、复位电路及晶振 G1 正常；检测内核 1.2V 电压为 0V，但检测 1.2V DC/DC 转换电路的供电电压正常，内核供电电压和 DDR 供电电压的 1.8V、3.3V 均正常；经检测，故障原因为 N2（MP1482）损坏。海信 LED55T28GPN（MST6I78 机芯）液晶彩电的主板（RSAG7.820.2228/R0H）实物图及相关电路部分截图如图 5-107 所示。

故障处理：更换 N2 后，故障被排除。

? 111. 机型和故障现象：海信 LED55T36GP（MSD61982 机芯）液晶彩电，开机后，指示灯不亮，整机呈三无状态

维修过程：上门后，拆开机壳，检测电源板上的副开关电源电路无 5VS 电压输出；检测 PFC 电路中的滤波电容 C822、C824 正端无 300V 左右的电压，保险丝 F801 被烧断，判断电源板存在短路击穿问题；检测 RT801、抗干扰电路、市电整流滤波电路及电源板上的 MOSFET

开关管，尖峰吸收电路中的电容 C902 损坏，造成副开关电源的厚膜电路 N975（TNY175）被击穿。海信 LED55T36GP（MSD61982 机芯）液晶彩电的电源板（RSAG7.820.4162）实物图及相关电路部分截图如图 5-108 所示。

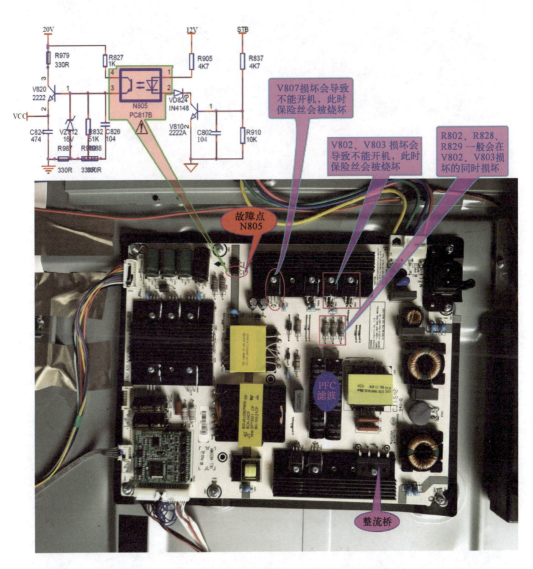

图 5-106　海信 LED50MU7000U（MSD6A828 机芯）液晶彩电的电源板（RSAG7.820.6350）
实物图及相关电路部分截图

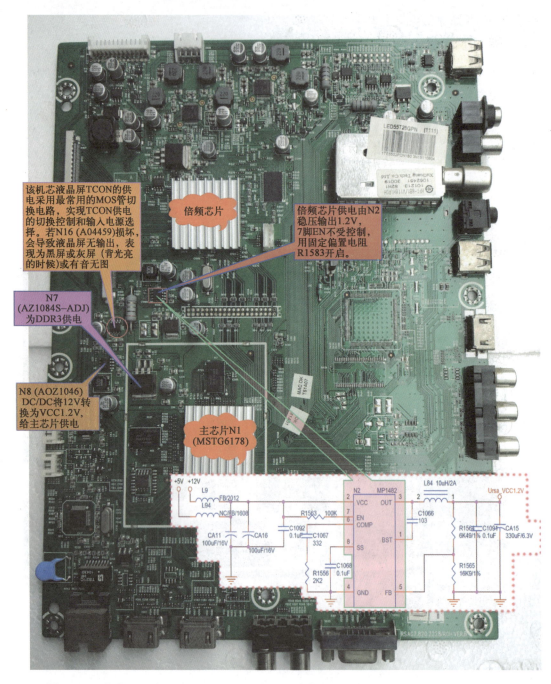

图 5-107 海信 LED55T28GPN（MST6178 机芯）液晶彩电的主板（RSAG7.820.2228/R0H）实物图及相关电路部分截图

第 5 章　互联网+APP 上门维修实战技巧

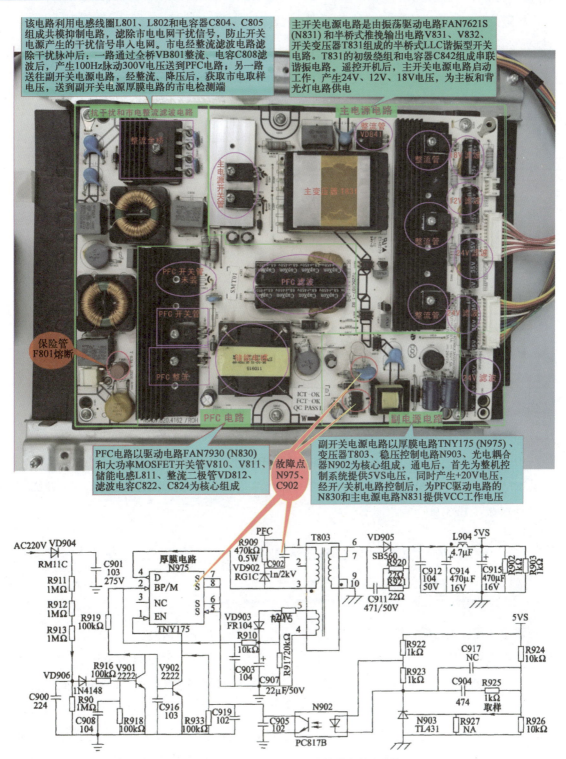

图 5-108　海信 LED55T36GP（MSD61982 机芯）液晶彩电的电源板（RSAG7.820.4162）实物图及相关电路部分截图

故障处理：更换 F801、N975、C902 后，故障被排除。

> **提示**：指示灯不亮，首先检测电源板的 5VS 输出电压是否正常。如果有 5VS 输出电压并送到主板，则故障由主板引起；如果没有 5VS 输出电压，则故障在电源板上。

❓ 112. 机型和故障现象：海信 LED70MU7000U（MSD6A828 机芯）液晶彩电，在输入多种信号源后均无声音

维修过程：上门后，检测功放电路 N81（NTP8204）的供电电压、I^2S 总线通道无故障；检测 N81 的 8 脚外接静音电路、10 脚总线地址识别电阻 R377 正常；检测主芯片 N1（MSD6A828EV）与 N81 之间 I^2C 总线通道中的电阻 R368、R369 也正常；经检测，故障原因在功放电路 N81 上。海信 LED70MU7000U（MSD6A828 机芯）液晶彩电的主板（RSAG7.820.6312/ROH）实物图及相关电路部分截图如图 5-109 所示。

故障处理：更换功放电路 N81 后，故障被排除。

> **提示**：海信 MU7000U 系列液晶彩电的型号有 LED43M7000U、LED50MU7000U、LED55MU7000U、LED65MU7000U、LED70MU7000U 等，除 43 英寸不使用 ULED 屏，其他型号均使用 ULED 屏。海信 MU7000U 系列液晶彩电使用 MSD6A828 超级芯片，集成图像、声音信号处理及整机控制等功能，在主芯片 MSD6A828EV 电路中还使用了四块 DDR3（N60~N63，型号为 H5TQ4G63CFR-RDC）、一块 EMMC 存储器（N56，型号为 KLM4GlFE3A-A001）、一块数字伴音功放电路（N81，型号为 NTP8204）及一块画质处理电路 HS3700。

❓ 113. 机型和故障现象：海信 TLM42T69GP 液晶彩电，通电后，指示灯亮，不能开机

维修过程：上门后，检测 5VSTB 电压正常，二次开机控制信号正常，24V、12V 电压输出失常，判断故障在电源板上；二次开机后，检测 PFC 电路的输出滤波电压为 300V，不能提升到 380V，说明 PFC 电路没有工作；检测 PFC 电路控制芯片 N801（NCP33262）的 8 脚 VCC 电压失常（正常值应为 14V 左右），该 VCC 电压是由副开关电源电路产生的 VCC 电压经开关机控制电路 V807 控制后提供的；经检测，故障原因为开/关机控制电路中的滤波电容 C832（50V/22μF）失效。海信 TLM42T69GP 液晶彩电的电源板（RSAG7.820.1535）实物图及相关电路部分截图如图 5-110 所示。

第 5 章 互联网+APP 上门维修实战技巧

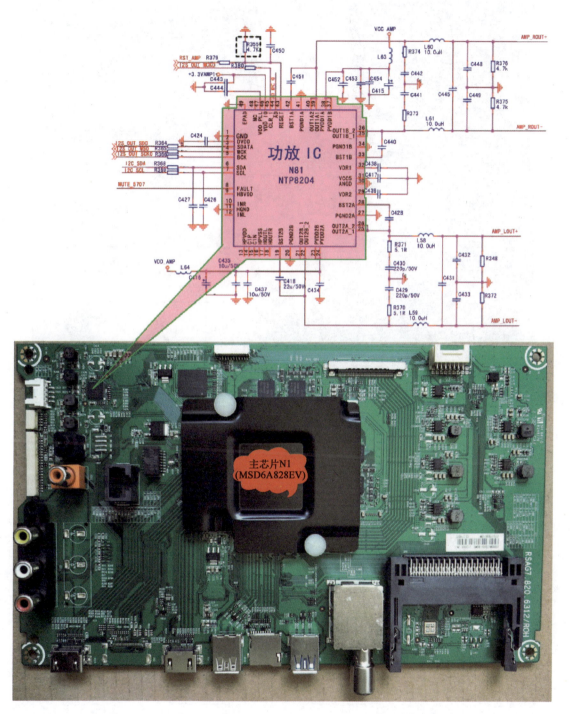

图 5-109 海信 LED70MU7000U（MSD6A828 机芯）液晶彩电的主板
（RSAG7.820.6312/ROH）实物图及相关电路部分截图

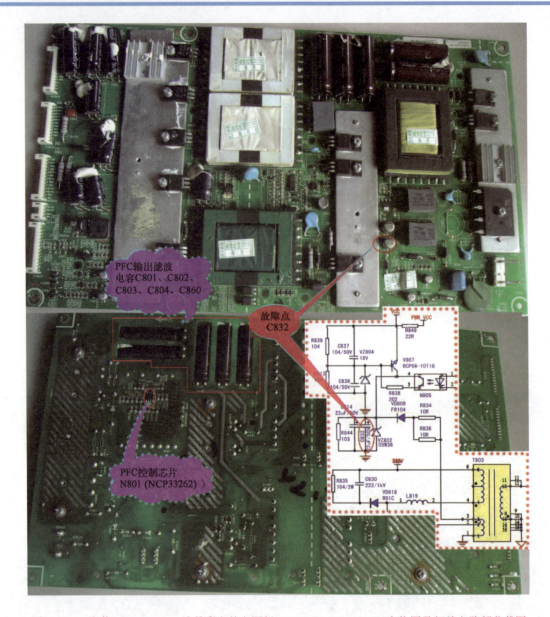

图5-110　海信TLM42T69GP液晶彩电的电源板（RSAG7.820.1535）实物图及相关电路部分截图

故障处理：更换电容C832后，故障被排除。

> **提示**：①对于副开关电源电路正常、PFC电路不工作的故障，检修时，首先判断PFC电路控制芯片的VCC电压是否正常；若VCC电压不正常，则问题可能不在PFC电路，而是在待机控制电路中，需要沿着VCC电压的供电路径一步一步确认，直至找到故障点；若VCC电压正常，则检测PFC电路控制芯片及其外围电路有无问题，直至找到故障点；若外围电路无问题，则可能是PFC电路的控制芯片已损坏。②当判断不

能开机的故障在主板上时，则大多数的原因是 CPU 背面的电容 C130、C131、C133、C132 失效，因此，在遇到此类故障时，可以尝试更换电容试一下。

❓ 114. 机型和故障现象：海信 TLM47V78X3D 液晶彩电，开机后，无伴音

维修过程：在检修此类故障时，首先用耳机检查耳机伴音输出是否正常；然后检测伴音功率放大电路 N801（TAS5707）的两路输出电压是否正常；检测总线电压（3.28V）、静音电压（2.68V）、25 脚（RESET）电压是否正常；最后检测 N801（TAS5707）及其外围元器件是否有问题。在实际的检修中，此类故障的原因大多为 N801 的外围电容 C8009 漏电，造成 25 脚（RESET）电压偏低、功率放大电路的两路输出电压偏低。海信 TLM47V78X3D 液晶彩电的 N801 相关电路部分截图及主板（SRAG7.820.4337）实物图如图 5-111 所示。

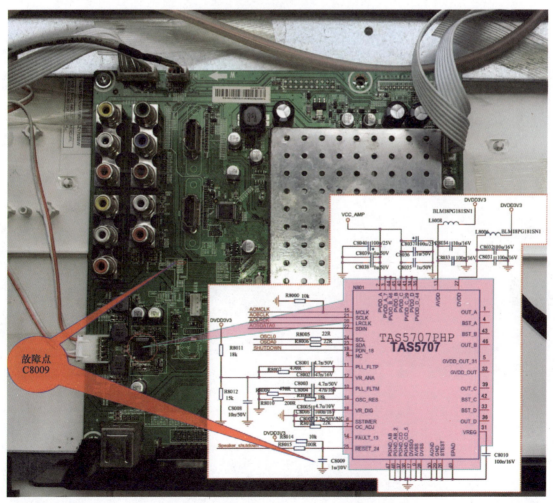

图 5-111　海信 TLM47V78X3D 液晶彩电的 N801 相关电路部分截图及主板（SRAG7.820.4337）实物图

213

故障处理：更换 C8009 后，故障被排除。

> **提示**：功率放大电路 N801（TAS5707）是新型的数字功率放大电路，在开机时，需要对内部电路进行复位，复位电路出现异常时，会造成功率放大电路的输出电压不正常，与模拟功率放大电路存在很大差异。

第 6 章

互联网+APP 资料查阅

6.1 液晶彩电工厂模式的进入、退出方式

1. TCL MSD6M182 机芯液晶彩电工厂模式的进入、退出方式

电源板：TV3205-ZC02-01。

配屏：T390HVN01。

遥控器：RC06。

适用机型：LE39D8810、LE39D33。

进入工厂模式：按遥控器上的"菜单"键后，再按遥控器上的"2""5""8""0"键即可进入工厂模式。

退出工厂模式：在工厂模式下，按"退出"键即可退出工厂模式。

2. TCL MT27 机芯液晶彩电工厂模式的进入、退出方式

配屏：LSC320AN01。

遥控器：RC200。

适用机型：L32P60BD。

进入工厂模式：① 按遥控器上的"菜单"键，选择"图像"，按"OK"键进入图像

子菜单,选择"对比度"后,依次按遥控器上的"9""7""3""5"键即可进入工厂模式。

②若快捷键"Hot Key"被打开,则直接按遥控器上的"回看"键即可进入工厂模式。

退出工厂模式:按遥控器上的"退出"键即可退出工厂模式。

❓ 3. 长虹 LP06 机芯液晶彩电工厂模式的进入、退出方式

适用机型:CHD-W300C6、CHD-W300E6、CHD-W300E6N、CHD-W300D6、CHD-W320C6 和 CHD-W320C6L。

进入工厂模式:在整机断电时,同时按下本机"菜单""电源"键,开机后,松开"菜单""电源"键,即可进入工厂模式。按遥控器上的"菜单"键和"上""下""左""右"键即可进行工厂设置操作。

退出工厂模式:按遥控器上的"退出"键即可退出工厂模式。

❓ 4. 长虹 RTD2684 机芯液晶彩电工厂模式的进入、退出方式

适用机型:LED32K20A、LED39K20A、LED42K20A。

进入工厂模式:先按遥控器上的"MENU"键,出现"User OSD"菜单,再按遥控器上的"1""9""9""9""回看"键,在"USER OSD"菜单下出现软件版本,点击在"软件版本"进入工厂模式。

退出工厂模式:按遥控器上的"退出"键即可退出工厂模式。

❓ 5. 长虹 ZLM60H-iS 机芯液晶彩电工厂模式的进入、退出方式

电源板:HQL50D-4SJ、HSL50D-4S。

遥控器:RTD800VC。

适用机型:50Q1FU。

进入工厂模式:按遥控器上的"设置"键后,进入"情景模式"的"标准模式",再按遥控器上的"上-右-右"键调出数字键,依次按遥控器上的"0""8""1""6"即可进入工厂模式。

退出工厂模式:按遥控器上的"退出"键即可退出工厂模式。

? 6. 长虹 ZLS45H-iUM 机芯液晶彩电工厂模式的进入、退出方式

电源板：MPL55S-1M2 6A5、HSL55S-1M2 6A5。

配屏：LC550EQD-FGF2。

适用机型：UD55B8000i。

进入工厂模式：①使用工装遥控器 GZ61A，按"M"键直接进入工厂模式。

②使用用户遥控器，按"工具箱"键后，在"菜单"消失前，依次按遥控器上的"0""8""1""6"键即可进入工厂模式。

退出工厂模式：按遥控器上的"退出"键即可退出工厂模式。

? 7. 长虹 ZLS46G 机芯液晶彩电工厂模式的进入、退出方式

适用机型：LED42B2000C（LJ009）、LED42B2000C（LJM005）、LED42B2000C（LJM006）、LED42C3000（LJ009）、LED42C2000、LED46C2100、LED48C2080。

进入工厂模式：在 TV 模式下，依次按遥控器上的"0""8""1""6"键即可进入工厂模式。

升级方式：第 1 步，将升级程序拷贝到 U 盘的根目录，文件名必须采用设计提供的名称。

第 2 步，开启主机，将信号源转换为 TV 源，将 U 盘插入 USB1 接口。

第 3 步，在"设置-服务"选项下执行软件升级，按提示操作即可。

第 4 步，系统升级完成后，进入工厂模式，执行初始化数据后，按遥控器上的"待机"键即可退出工厂模式。

? 8. 长虹 ZLS59G-i/ZLS59G-iP-1/ZLS59G-iP-3 机芯液晶彩电工厂模式的进入、退出方式

电源板：JCL55D-43H 130、HSM55S-1M2 3A2、MPM55S-1M2 3A2。

遥控器：RID800。

适用机型：32Q1F、40Q1F、43Q1F、49Q1F、50Q1F、55Q1F、58Q1F。

进入工厂模式：在 TV 模式下，按遥控器上的"菜单"→"情景模式"→"标准模式"→"上"→"右"→"右"→"0"→"8"→"1"→"6"键即可进入工厂模式。

退出工厂模式：按遥控器上的"退出"键即可退出工厂模式。

9. 创维6N30机芯液晶彩电工厂模式的进入、退出方式

适用机型：32E30GD、42E30GD。

进入工厂模式：在任意通道下，将音量减到0，按遥控器上的"菜单"键，待出现菜单界面后，按遥控器上的"8""8""7""7"键即可进入工厂模式。

退出工厂模式：按遥控器上的"退出"键即可退出工厂模式。

10. 创维8A17机芯液晶彩电工厂模式的进入、退出方式

电源板：168P-P37ETU-00。

配屏：V390HJ1-LE1。

遥控器：YK-6004H。

适用机型：39E5DHR。

进入工厂模式：①当工厂模式菜单中的"单键模式开关"为"开"时，按工厂调试专用遥控器上的"工厂调试"键（3FH）即可进入工厂模式。

②将音量减到0，按住键控板上的"音量减"键，同时按遥控器上的"返回"键进入工厂模式。

退出工厂模式：按遥控器上的"退出"键即可退出工厂模式。

11. 创维9R05机芯液晶彩电工厂模式的进入、退出方式

电源板：168P-L3N01A-00、168P-L4U022-00。

配屏：7618-T4300L-Y000、7626-T4900L-Y410。

适用机型：43E3000、49E3000。

进入工厂模式：①在任意通道下，将音量减到0，按遥控器上的"主页"键后，再按遥控器上的"1""2""3""4"键即可进入工厂模式。

②当工厂模式菜单中的"单键模式开关"为"开"时，按工厂遥控器上的"工厂调试"键（3FH），即可进入工厂模式。

退出工厂模式：按遥控器上的"退出"键即可退出工厂模式。

12. 创维9R08机芯液晶彩电工厂模式的进入、退出方式

电源板：168P-L3N01B-00、168P-L5L015-00。

配屏：7626-T4000Q-Y180、7626-T5000Q-Y110。

适用机型：40E6000、50E6000。

进入工厂模式：①在"本机信息"下，按遥控器上的"上""上""下""下""左""右""左""右"键即可进入工厂模式。

②当工厂模式菜单中的"单键模式开关"为"开"时，按工厂遥控器上的"工厂调试"键（3FH），即可进入工厂模式。

退出工厂模式：按遥控器上的"退出"键即可退出工厂模式。

13. 海尔 MSD6I881 机芯液晶彩电工厂模式的进入、退出方式

遥控器：HTR-A07。

适用机型：LE55A7000。

进入工厂模式：按遥控器上的"菜单"键，弹出"信号源"选择菜单，依次按遥控器上的"8""8""9""3"键即可进入工厂模式。

退出工厂模式：按遥控器上的"退出"键即可退出工厂模式。

14. 海尔 MST6A600 机芯液晶彩电工厂模式的进入、退出方式

适用机型：LD42U7500。

进入工厂模式：开机后，先进入电视功能下，按遥控器上的"菜单"或主控板上的"菜单"键，再按遥控器上的"8""8""9""3"键即可进入工厂模式。

退出工厂模式：按遥控器上的"返回"键即可退出工厂模式。

15. 海尔 MST6M69 机芯液晶彩电工厂模式的进入、退出方式

电源板：P228W181。

配屏：LC370WUN-SBD1。

遥控器：HTR-D01A。

适用机型：LB37R3A。

进入工厂模式：在任一模式下，按遥控器上的"MENU"键弹出主菜单，再按遥控器上的"8""8""9""3"键即可进入工厂模式。

退出工厂模式：按遥控器上的"退出"键即可退出工厂模式。

6.2 液晶彩电芯片应用电路

1. AP1212芯片应用电路（见图6-1）

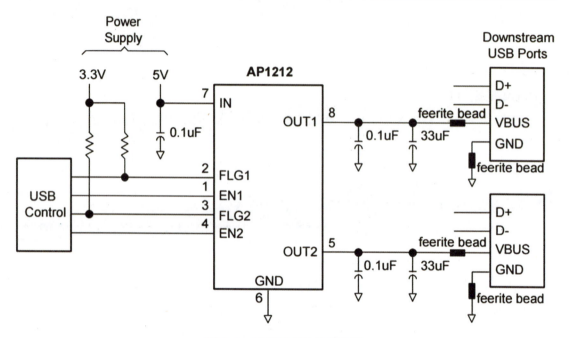

图6-1　AP1212芯片应用电路

2. HR911105C芯片应用电路（见图6-2）

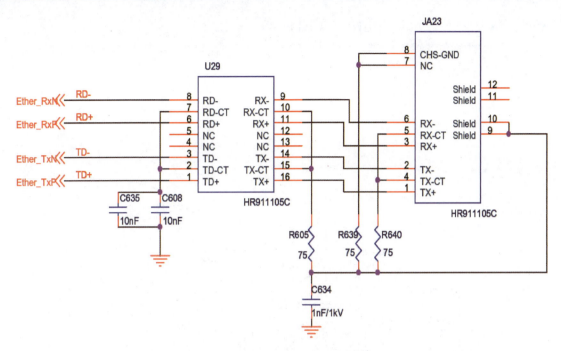

图 6-2　HR911105C 芯片应用电路

3. NC/CD2406 芯片应用电路（见图 6-3）

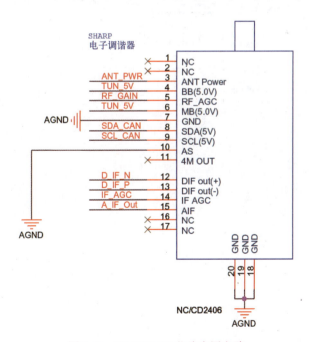

图 6-3　NC/CD2406 芯片应用电路

4. PAM8006 芯片应用电路（见图 6-4）

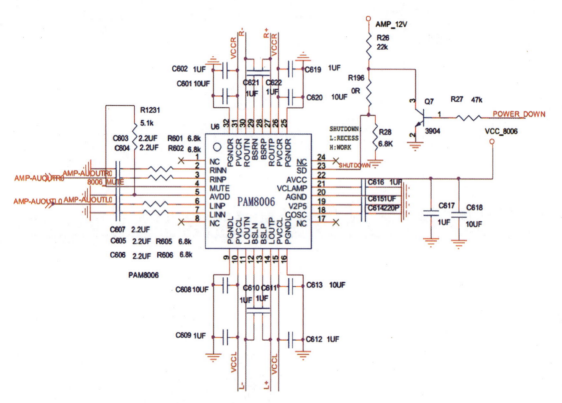

图 6-4　PAM8006 芯片应用电路

5. TAS5707 芯片应用电路（见图 6-5）

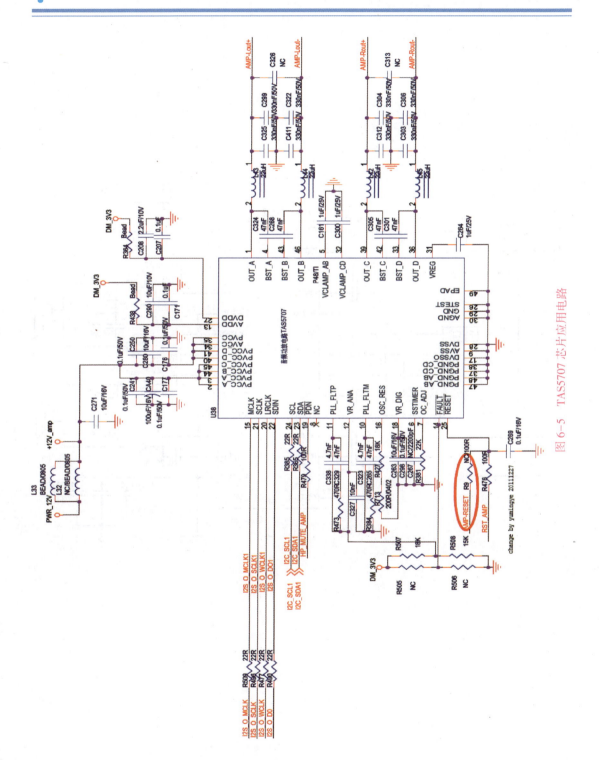

图 6-5　TAS5707 芯片应用电路

6. TPA3110D2 芯片应用电路（见图6-6）

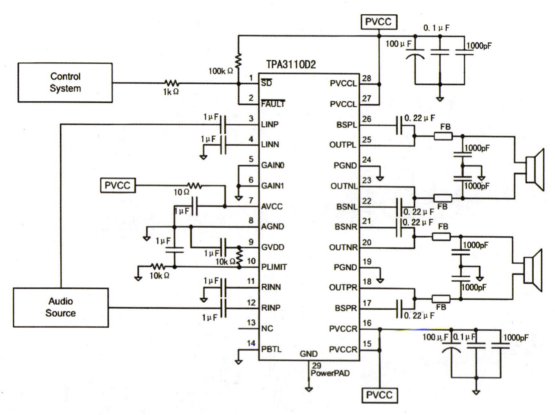

图6-6　TPA3110D2芯片应用电路

7. TPA3121D2 芯片应用电路（见图6-7）

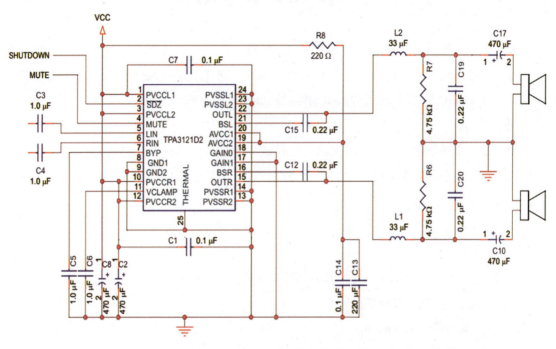

图6-7　TPA3121D2 芯片应用电路

反侵权盗版声明

电子工业出版社依法对本作品享有专有出版权。任何未经权利人书面许可，复制、销售或通过信息网络传播本作品的行为；歪曲、篡改、剽窃本作品的行为，均违反《中华人民共和国著作权法》，其行为人应承担相应的民事责任和行政责任，构成犯罪的，将被依法追究刑事责任。

为了维护市场秩序，保护权利人的合法权益，本社将依法查处和打击侵权盗版的单位和个人。欢迎社会各界人士积极举报侵权盗版行为，本社将奖励举报有功人员，并保证举报人的信息不被泄露。

举报电话：(010) 88254396；(010) 88258888
传　　真：(010) 88254397
E-mail：dbqq@phei.com.cn
通信地址：北京市海淀区万寿路173信箱
　　　　　电子工业出版社总编办公室
邮　　编：100036